周敏 著

智能产品设计

INTELLIGENT
PRODUCT
DESIGN

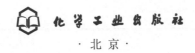

化学工业出版社

·北京·

内 容 简 介

本书第一章介绍了智能产品的概念、社会现状及技术背景；第二章介绍了智能产品的设计原则和设计流程；第三章至第七章分别对生活类智能产品、医疗健康类智能产品、智能卫浴产品、智能公共产品、智能装备产品的设计过程进行了详细介绍。书中选取的案例均来自于笔者团队近期完成的设计研究和项目实践，与社会现实生活贴近，有重要的参考价值。

本书可作为大中专院校人工智能、计算机、设计学等相关专业学习智能产品设计的教材，也可供智能产品开发设计的相关从业者及爱好者阅读参考。

图书在版编目（CIP）数据

智能产品设计/周敏著. —北京：化学工业出版社，2021.10（2023.1 重印）
ISBN 978-7-122-40097-0

Ⅰ.① 智…　Ⅱ.① 周…　Ⅲ.① 智能技术 - 应用 - 产品
设计　Ⅳ.①TB472

中国版本图书馆 CIP 数据核字（2021）第 210736 号

责任编辑：陈　喆　王　烨　　　　　　　　装帧设计：刘丽华　娄赛一
责任校对：宋　玮

出版发行：化学工业出版社（北京市东城区青年湖南街13号　邮政编码100011）
印　　装：涿州市般润文化传播有限公司
710mm×1000mm　1/16　印张10½　字数181千字　2023年1月北京第1版第2次印刷

购书咨询：010-64518888　　　　　　　　售后服务：010-64518899
网　　址：http://www.cip.com.cn
凡购买本书，如有缺损质量问题，本社销售中心负责调换。

定　　价：79.80元

前　言

从三国时期的"木牛流马"到近期热门的"波士顿智能大狗""小鹏汽车智能机器马",人造物的智能化是人类造物活动孜孜以求的目标。智能产品的不断涌现,推动着人类社会生活迈入智慧化时代。

人类社会进入信息时代以来,随着计算机、物联网、大数据、人工智能等相关技术的不断发展,奠定了智慧政府、智慧交通、智慧医疗、智慧零售、智慧社区、智慧建筑、智慧家居等新兴事物出现的技术基础,改变着人们的生活方式。无人驾驶汽车、无人超市等不断出现在我们的生活中。各类智能产品为人们提供了方便快捷的日常生活,提高了人们的生活质量和工作效率,如华为通过云计算为政府和行业提供服务和解决方案,推出"5G,点亮未来""F5G,光联万物""自动驾驶网络""IPv6+,智联无限"等智能产品系统。互联网生活服务产品是较早的智能产品类型,既有蚂蚁金服、陆金所、支付宝、微信支付等为代表的金融服务智能产品,也有美团外卖、饿了么、携程、滴滴等生活服务智能产品。拥有研发大数据、云计算和人工智能等智能技术的企业,既是智能产品发展的基础,也是传统行业的产品智能化转型的服务平台。智能产品的设计呈现出两种开发路径:一是智能技术的产品化,主要体现在物联网、大数据、云计算、边缘计算、机器学习、深度学习、安全监控、自动化控制、计算机技术、精密传感技术、GPS 定位技术等的综合应用;二是传统产品的智能化,借势新一代人工智能,赋予传统产品以更高智慧,在智能制造装备、智能生产、智能管理等方面注入强劲生命力和发展动能。

早在 2015 年国务院发布的"中国制造 2025"中就提出了加快发展智能产品,以智能制造为核心,统筹布局和推动智能交通工具、智能工程机械、服务机器人、智能家电、智能照明电器、可穿戴设备等产品研发和产业化,智能产品的设计是大势所趋。本书基于智能产品的设计原则和流程,分别对智能生活产品、智能医疗健康产品、智能卫浴产品、智能公共产品、智能装备产品的设计过程进行了详细介绍。书中选取的案例均来自于河南理工大学工业设计中心近期完成的研究成果和项目实践,在此向参与课题研究和为本书编写提供帮助的河南理工大学建筑与艺术设计学院工业设计专业的张弼玥、娄赛一、杜曙扬、张丽萍、付晓帅、杨雨纯、李培博、刘允、项德元、陈智、周磊落等同学表示感谢!也向给予课题研究帮助的各级领导和同事表示感谢!

未来已来,在高速发展的智能时代,技术更新、产品迭代日新月异,受笔者能力所限,所做研究难免挂一漏万,书中不足之处恳请各位读者批评指正。

著者

目　录

第1章
智能产品概述

1.1 智能生活

从 20 世纪 90 年代，人类进入信息时代之后，随着计算机、物联网、人工智能等相关技术的发展，人类开始迈入智能生活时代。诸如，智慧政府、智慧交通、智慧医疗、智慧零售、智慧社区、智慧建筑、智慧家居等，智能生活带给人们新的生活方式。无人驾驶的汽车、无人超市的购物、无需医院的诊治已经出现在我们的生活中，智能生活改变了人们的衣、食、住、行和医疗。最近几年，中国智慧城市的建设加速进行，上海、深圳、南京、武汉等城市相继推出智慧城市建设方案，以新型智慧城市的深圳模式为例，到 2025 年，深圳将基于深度学习打造鹏城智能体，成为全球数字化城市的标杆。智慧农业改变了传统农业的模式，提供了智能育种、作物监控、精细耕种、食品溯源、物流销售、农业信息等全产业链的新发展。

场景一：早上我从睡梦中醒来，卧室的窗帘缓缓拉开。我伸了懒腰，最爱的音乐响起，穿上拖鞋，洗脸刷牙。健康管家告知我今天的血压、血糖、血脂是否正常，并提醒我吃补铁的药，哦，对了，我贫血，健康管家特别提醒我不能同时喝牛奶。走进厨房，八宝粥已经煮好，水果已经切好。智能管家告知我今天的工作行程，并为我提供了着装服务。

场景二：我要出门上班了。手机提醒我，与我一起共同使用无人驾驶的共享汽车的小王还有五分钟到楼下。坐上车后，车载导航提醒常规路线有点堵，推荐另一条路。当然，另一条路保证了我们上班没迟到。

场景三：今天工作很忙，晚上十点才回到家。肩膀疼痛难忍，智能服装感应到了，只需我坐在按摩椅上便会得到针对性按摩。

场景四：我在手机里为爷爷预约了医生，通过家中的智能医疗监测设备将各种数值汇入医生的数据库，医生对爷爷的药进行了微调……一个个由智能产品构成的智能生活的具体场景，呈现出智能时代更安全、更舒适、更便捷的新生活。

1.2 智能产品

2015 年，国务院《中国制造 2025》中提出加快发展智能产品，以智能制造为核心，统筹布局和推动智能交通工具、智能工程机械、服务机器人、智能家电、智能照明电器、可穿戴设备等产品研发和产业化。2017 年，《新一代人工智能发展规划》《人工智能产业发展三年行动规划》等策略的发布，为中国产品的智能升级、中国智能产品的产业化革命强力助推。

随着智能生活的发展，各类智能产品为人们提供了方便快捷的生活，提高了人们的生活质量，如华为通过云计算为政府和行业提供服务和解决方案，推出"5G，点亮未来""F5G，光联万物""自动驾驶网络""IPv6+，智联无限"等智能产品系统。互联网生活服务产品是较早的智能产品类型，既有蚂蚁金服、陆金所、支付宝、微信支付等为代表的金融服务智能产品，也有美团外卖、饿了么、携程、滴滴等生活服务智能产品。拥有研发、大数据、云计算和人工智能等智能技术的企业，是智能产品发展的基础，是传统行业的产品智能化转型的服务企业。

生活中万物智能的出现，一定是智能产品技术与制造业的融合，这也是本书主要关注的智能产品设计方向。智慧交通系统包括了智能充电桩、智能共享汽车、智能停车、智能公交等公共产品，也包括智能车载产品、无人驾驶汽车等个性化的私人产品，带给人们交通的新体验；智能交通运输和物流系统主要包含城市交通系统的智能控制、物流的智能管理和调度、数字化平台建设和便民生活服务等方面。家用的智能产品是人们日常生活使用的智能家用终端产品，种类也是最多的，包括智能家电产品，如电视、冰箱、空调、洗衣机、电饭煲、饮水机、空气净化器等，使人们快乐地享受生活；智能生活控制产品，比如智能管家、路由器、网关、插座、光照传感器、温湿度传感器、智能窗帘和灯光等，带给人们舒适的生活；有智能卫浴产品，比如智能淋浴产品、智能马桶等，带给人们安全、方便的生活；还有智能医疗健康产品，比如智能监测和检测产品、智能药箱等成为智能产品的重要发展方向。

目前，全球众多企业致力于智能产品的研发和生产，优秀的智能产品改变了我们的生活，如小米智能家居产品、iRobot 的 Roomba 自动吸尘机器人、华为自动驾驶、谷歌自动驾驶等。谷歌无人驾驶汽车：伴随着计算机技术、互联网技术、机器控制和传感等技术的突破，无人驾驶技术迎来了巨大进步。2009 年，谷歌开始秘密研发无人驾驶汽车项目，现在被称为 Waymo，并在 2014 年发布了自主设计的无人驾驶汽车原型。应用感知系统、智能雷达、智能地图、智能导航、交互系统等智能技术取代了传统的方向盘、油门和刹车系统，无人驾驶系统极大地改变了驾驶的体验，并成为智能产品的高端，也是通用、福特、奔驰、宝马等汽车公司的重要研发方向。

小米让智能产品走进现实生活：以小米手机、小米路由器和小米电视为核心产品，形成了小米智能家居网络中心（图 1-1）、家庭安防中心、影视娱乐中心等产品系统，包括小米路由器、小蚁智能摄像机、小米盒子、电视、插座、灯泡、净化器、手环、血压计、体重秤、智能窗帘、智能玻璃等产品，统一采用小米智能家庭 App 为设备接入口，实现多设备的深度互联，方便多家庭用户的快捷使用。

图 1-1 小米的智能产品

iRobot Roomba 自动吸尘机器人：1990 年，麻省理工学院的机器人专家创立了 iRobot 公司，他们希望实用机器人成为人们现实的帮手。2002 年公司推出了 Roomba 扫地机器人，将消费类机器人推到世人面前。经过 25 年的发展后，iRobot 在全球累计售出超过 1500 万台机器人。现有的 Roomba 980（图 1-2）扫地机器人通过多重模式智能切换技术、可视化全景规划、断点续航、自动超强吸力和清洁系统，以及轻松的人机交互和操控，完成对污垢的探测和清理、免缠绕自清洁、防跌落和脱困等功能，并成为被人们信任的机器人。

图 1-2 Roomba 980

1.3 智能产品的技术

在智能产品设计之前,我们需要知道一些基本的智能产品需要的技术。智能产品的技术不是某种单一技术,而是由不同技术所构成的复杂技术体系(图1-3),主要包括电子技术、自动化控制技术、互联网技术、大数据技术、云计算技术、物联网技术、人工智能技术等。这些技术既有所区别,又相互关联和渗透,呈现出复杂的结构。除了最基础的电子技术、自动化控制技术和互联网技术,智能产品更多地运用大数据、云计算、物联网技术和人工智能技术。

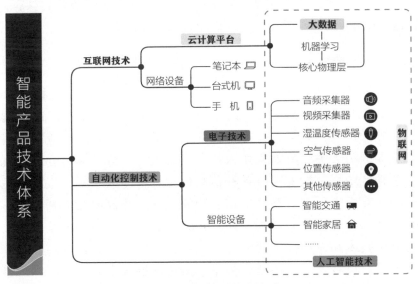

图 1-3 智能产品技术体系

1.3.1 大数据和云计算

大数据(Big Data)是对世间一切人和物的数据收集、存储和整理,而数据包括数字、文字、声音和图像等形式。中国正处于数字经济发展的加速时期,国家和政府层面已经确认"数据"的重要性、安全性和开放共享的价值,是国家发展的生产要素之一。对于企业而言,数据的价值主要体现在:通过大数据为企业提供对市场现有状况和企业发展趋势的判断和预测,帮助企业优化消费群体的体验,最终提高企业的核心竞争力。目前大数据的应用非常广泛，为通信、金融、交通、农业、教育、医疗、零售等行业提供了新的发展方向。在零售行业，通过大数据可以分析用户需求和行为习惯，从而为用户提供更好的产品和精准的服务。在医疗、通信行业，疫情期间采用大数据来分析高风险人群的行动轨迹，并进行空间和时间的交叉比对，找到与之有过交集的潜在风险人员，对遏制疫情的扩散起到了重要作用。

云计算（Cloud Computing）是一种以互联网为平台的计算方法，将数据存储于网络的云端服务器，方便远程数据操作和数据应用，它与传统的硬盘存储数据不同，可以随时随地浏览和运用数据。对于现代企业有着极其方便的优势，一方面大大节省了企业对于数据存储的硬件需求，另一方面，用户可以不用了解云计算的专业知识，就可以随时随地调用云端服务器的数据进行计算，达到方便快捷、省时省力的作用。

1.3.2 物联网技术

基于互联网技术、传感器技术、RFID标签和嵌入式系统技术基础上的物联网（Internet of Things）是智能产品的重要技术，这一概念是1999年提出的。2009年，物联网被列为中国新兴战略性产业之一，受到政府和企业的极大关注。如果用云计算当做人的大脑，那么物联网就可以类比人的神经中枢。把安装有各种信息传感设备的人和物，进行标注、识别和管理，在网络下进行互联和信息交流，并与外部的互联网相连，实现智能化的物和物相连、人和物相连、人和人相连。物联网的技术很多，主要包含底层技术和应用技术两部分，底层技术主要分为物理层技术、通信层技术和系统层技术，应用技术则是终端用户层技术（图1-4）。智慧农业就是以物联网技术为基础的，在农业的各阶段添加底层技术，使得农产品的生产阶段能进行环境检测和记录，在加工仓储和物流配送阶段可以跟踪和记录，在销售阶段进行多渠道网络销售，在品控阶段可以对农产品进行追溯和召回。

在人与物、人与人互联的过程中，终端用户层技术发挥了重要作用，终端产品的界面和交互设计，是智能产品设计的可视化和交互的表现形式。物联网技术的发展，为智能家居提供了强有力的支撑，尤其在全屋产品智能化的发展趋势下，各种智能家居产品的终端用户层技术成为新的关注对象，主要是产品的界面设计和交互设计。

图 1-4 物联网技术构架

1.3.3 人工智能

人工智能（Artificial Intelligence，AI）最早是在美国达特茅斯学院举行的研讨会（1956 年）上提出的，让机器模拟人类的感知、认知、学习、思考和行为的概念，进而发展成一门跨学科、跨领域、高度交叉的前沿复合型学科。在人工智能的前世今生中，中国文化中对智能的追求，从未停止。"尧造围棋，以教子丹朱"；"领其颅则歌合律，捧其手则舞应节。千变万化，惟意所适"；"木牛者……宜可大用，不可小使。特行者数十里，群行者二十里也"；"刻木作僧，手执一碗，自能行乞"；"黄履庄所制双轮小车一辆，长三尺余，可坐一人，不须推挽，能自行"，二进制与易经的关系，河图洛书中的数学发现等，都展现了中国人孜孜以求的态度。然而，人工智能的神秘性和未知性，导致其发展过程是曲折的、螺旋向上的，经历了起步期、反思期、应用发展期、低迷发展期和稳步发展期，直到 2010 年之后，全球迎来了快速发展期。2010 年，3D 体感摄影机 Kinect（图 1-5），是微软公司推出的 XBOX360 游戏机的体感周边外设，它采用 3D 摄像头和红外探测跟踪人体运动，导入了即时动态捕捉、影像辨识、语音辨识等功能，通过人的肢体与电脑游戏进行逼真的游戏交互。2016 年谷歌旗下 DeepMind 公司以深度学习技术为基础，开发的阿尔法围棋（AlphaGo）是第一个战胜人类职业围棋选手的人工智能机器人，在人工智能技术上有了实质性的飞跃。

图 1-5　Kinect 产品

第2章

智能产品的设计原则和
设计流程

2.1　安全性

任何一个产品设计、生产、储存、销售、使用和回收的过程，都要以安全性为首要原则。产品的安全性通常是指产品的可靠性，包含产品使用过程的耐久性，产品出现问题后的可维修性，以及产品设计的可靠性。就产品设计可靠性而言，从"人 - 机 - 环境"上讲分为三个层次，一是不会导致用户的职业病、人身伤害或者死亡，如椅子的设计需要考虑到人体结构和尺寸，好的设计会减少对久坐者的伤害；二是用户在操作产品的过程中，产品不容易损坏，如智能产品的损坏，会让用户产生极大的挫折；三是产品在生产、销售、使用、回收的过程中，不会危害环境，尤其是现在和未来对绿色设计和环保设计的要求，增加了产品的材料环保性。

产品设计的安全性是关系到用户能否正常使用产品的根本，在设计过程中主要是指对用户的生理安全和心理安全的考虑。生理安全指的是产品在设计过程中，以人体生理构造、特征和尺寸的数据为基础，将产品的尺寸、比例、造型、结构和色彩与之匹配，创造出人性化的产品。心理安全是产品带给用户的安全感，它是一种超越物质的精神需求。在产品设计过程中，以不同人群的心理特征为基础，通过产品的材质、造型和色彩带给人们视觉、触觉、听觉的安全感和愉悦感。智能产品中 App 的界面设计和交互设计的安全感，是通过界面可视化的愉悦感和操作过程的流畅感来实现的。在针对一些"老弱病残孕"等特殊人群的产品设计过程中，需要对不同人群的生理安全和心理安全进行分类研究，以完善智能产品的设计。适合老年人的智能产品既要满足老年人日益衰老的生理需求，又要满足老年人平等参与社会的愿望和主观幸福感，有助于保护老年人的独立性和自尊心。

2.2　智能化

智能产品的智能化技术层面与展现形式都是多样的。人们目前能够直接操作的智能层面是智能产品终端用户层，主要是利用各种 App 应用来实现，例如智能音箱、智能摄像头、智能网关、智能安防、智能室内环境控制等产品都是将具有不同功能的传感器置于产品之中，以各种智能技术为基础，通过可以实际操作的 App 应用界面，实现人的使用过程。例如，2014 年谷歌收购的智能家居设备公司 Nest Labs，其第一款智能温控器采用圆形设计，能与室内装饰很好地搭配，更重要的是它加入了更多的传感器，以及能自主学习用户的使用习惯，让室温保持在最舒适温度。Nest Labs 推出的家用监控摄像头，应用了机器学习、图像和声音识别技术，通过深度学习区别家庭成员和陌生人，并对陌生人或物发出预警。与传统的产品操作相比，建立在智能技术基础上的 App 应用，已经开始具备一定程度的人的认知能力，包括记忆能力、思维能力、学习能力和适应能力，以及一定的行为决策能力。还有一些智能产品与人体紧密结合，主要是医疗健康类产品，通过手环、腕表、各种贴片、电子秤、血压仪、血糖仪等与医疗健康相关的智能硬件，监测用户的运动步数、运动心率、睡眠、体脂、体重、肌肉、水分、卡路里消耗、血压、血糖、血氧等需求。医疗级、健康级智能硬件的发展受到传感器、芯片、算法技术的影响，还受到国家相关政策环境的影响，因此医疗级和健康级智能化的产品整体还处于早期摸索阶段。

今天，我们不仅仅关注产品的造型、结构和 CMF，更关注进化为智能终端的产品的体验感受。用户在操作智能产品的复杂系统时，更加追求简单易用和智能体验，设计是将复杂的科学技术转变为极致的产品体验的重要过程。新产品和新设计不再是静态地等待使用，而是通过智能技术、智能应用、信息界面、服务系统等为用户提供具有迭代性的动态服务，通过人工智能的自我学习，帮助用户做出正确的判断，是智能产品的一个重要功能。

2.3 易用性

智能产品的易用性是从人机工程学理论中而来，主要包含两方面。一方面是产品外观造型的易用性，产品是否便于使用是重要的参考标准。Jakob Nielsen 认为易学性、高效性、易记忆、少犯错和满意度是易用性的基本特点。产品在设计时必须考虑人机因素，产品外观造型不仅要符合人体尺寸，产品的功能、结构和色彩要符合用户的行为习惯和心理感受，产品的可视化和功能操作要减少失误和误解，增加产品的容错性。随着新技术、新功能融入智能产品，产品的操作必然会增加难度。易用性就是通过简化和优化操作流程，降低这种难度。

另一方面是智能产品包含了 App 的易用性，一般包含三个层次。首先是信息架构的合理性，根据用户需求布局信息的主次，以用户的使用习惯为基础，尽量减少用户操作的层级和深度；其次是操作过程的可认知性，以人的基本认知和学习习惯为基础，引导用户自主学习操作，设计自然的手势或肢体进行交互；再次是界面信息的传达性，版面布局合理、内容精简、语言流畅，突出用户需要和重要的信息，界面的图案、文字等识别性高；最后是跨设备交互的统一性，物联网下的多平台、多设备的共享，要求设计过程中语言、符号和色彩保持统一。

2.4 设计流程

产品设计流程一般是从项目研究对象确定、初步想法的梳理开始，然后深入调研市场和用户，需要了解设计的可行性和市场的竞品情况，充分对用户的痛点进行分析，找到产品定位，再通过方案的迭代，最终完成效果展示。智能产品的设计流程符合一般的设计流程，但是在用户研究方面涉及的内容更多，如图2-1所示，在设计过程也增加了App应用的设计。

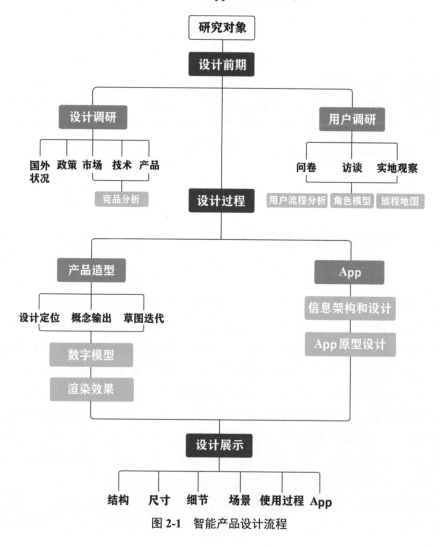

图2-1　智能产品设计流程

第3章

生活类智能产品设计

从银行卡、钱包逐渐退出人们外出随身的必带品开始，移动支付加快了人们日常生活的数字化进程。基于互联网、物联网的智能生活类产品通过大数据、云计算给人们的日常生活带来了便捷，过去生活中的大量普通产品逐渐开始了智能化升级。本章通过智能药箱设计、多功能智能手杖设计来介绍生活类智能产品设计。

3.1 智能药箱设计

药箱作为传统的日常生活用品，一般只有存储药物的功能，而智能药箱作为连接人与医疗服务人员和机构之间的科技产品，将智能服务深入到日常生活之中。利用智能药箱和可穿戴设备，以及规范化的健康应用程序，人们能清楚地知道自己的健康状况和药品使用情况，并能将信息和数据与医疗保健机构共享，降低了医疗服务成本。智能药箱产品的使用人群较广，从儿童到老年人皆可，但是，从我国第七次人口普查来看，已超 2.6 亿人是 60 岁及以上老年人。因此，本项目选择患有慢性疾病的空巢老人为主要用户，更具代表性。"空巢老人"，是指子女长大成人后从父母与未婚子女组成的核心家庭中分离出去，留下 60 岁以上的父母一代人独自居住、生活的家庭中的老人。在此定义下，空巢老人常见两种情况：一是与伴侣同居，但子女与其分开居住的空巢老人；二是失去伴侣，子女不在身边，独自居住的空巢老人。通过调研分析老年人的生活方式和目前市场已有的药箱产品，设计出适宜老年人使用的智能药箱，保证空巢老人健康、舒适和便捷的生活。

3.1.1 竞品调研

3.1.1.1 可行性分析

目前，在智慧城市的推动下，中国医疗体系的智能化是大势所趋，国民对自身健康的重视程度不断增强，医疗和健康相关产品的智能化是行业发展的趋势。据 2016 年《中国医疗健康智能硬件行业报告》和 2018 年《大数据时代下的健康医疗行业报告》的数据显示，在中国人口的老龄化社会背景下，以老年人为主要群体的慢性病发病率一直在提升，特别是糖尿病、高血压、心脏病等；同时，中国的医疗资源发展失衡，供需结构失衡，就医难是一个焦点；但是，我国医疗和健康相关的智能产品起步较晚，种类也较少，主要集中在智能秤、智能手环、智能睡眠穿戴产品、智能血压计、智能血糖仪等产品。医疗和健康领域智能产品的扩展，能够让人们了解自身的健康状况，在一定程度上降低人们在医疗或健康上面临的障碍，对辅助决策、健康/慢病管理、机构智能化管理等方面效果显著。

智能药箱作为老年人日常使用的生活用品，其硬件技术和通信技术相对成熟，传感器、芯片、CPU、电池、屏幕、大数据、智能算法、AI 技术等技术层面和管理层面的可行性都很高。通过智能药箱的设计主要是改善老年人的服药过程，使老年人的服药障碍更少，对老年人的日常药品做到分类、收纳和安全储存，通过随时监测老年人的健康状况，提供各类提醒、健康管理和专家远程咨询。

3.1.1.2　竞品分析和总结

目前，国内外的市场上已有一些智能药箱产品，一方面满足传统药箱的收纳储存功能，另一方面通过各种功能，改善用户在室内或户外服药的过程，改善居家健康管理水平及现代生活质量。竞品分析如表3-1和表3-2所示。

经调查发现，目前开发研制智能药箱的企业不在少数，但受技术和价格的影响，智能药箱的种类不太多，主要品牌有中国的康言、小熊智慧药箱、洛可可、HIPEE 等，以及美国的 MEMO BOX 智能药箱。目前主流的消费级智能药箱主要功能有：收纳储存多种药品，提醒用户重复用药/忘记用药/药品过期，用户自设置用药习惯，支持手机端设置，数据云端保存并多终端展示等。其中具备普通收纳功能的药箱占 80%，除收纳功能外可以提醒吃药的占 10%，在此基础上增加分药、携带外出、一键求救功能的占 7%，拥有语音、视听交互、行为识别、记录服药情况并制定服药计划和远程服务功能，可以被称作智能药箱的仅占 3% 左右。由此看出，市场上智能药箱的核心智能化体现是按时提醒用户服药，虽然智能药箱有较多的概念设计，但真正的智能产品却不多。

现有智能药箱在造型上相对简洁流畅，结构简单，但存在两极分化现象，一方面是过于简单，停留在盒子的形式，智能化程度低；另一方面是在造型和功能上过于追求科技感，超出了老年用户的接受和适应能力，对于老年人用户来说易用性差。同时，多数智能药箱的用户群体并不明确，一般患者和老年患者皆可使用，因此在功能、操作设计时不一定适合老年人的使用习惯，更不会针对空巢老人进行设计。目前的智能药箱材料多用塑料和合金，在色彩上主要以白色和灰色为主，配合红、绿、蓝、黄、橙色等明度较高的辅助彩色。

表 3-1　竞品分析 a

图片	名称	形状	颜色	材质	目标用户	使用场景	药舱结构	产品亮点	其他
	HiPee智能健康药盒	方形	白色/灰色/绿色	CCBM生物降解材料	一般患者/老年患者	家用/户外	整体为8个药舱；结构，内部小盖双层保护，防止药品混装，磁吸开合上下紧密贴合无缝隙，拆盒存储	听觉视觉触觉三重提醒；扫码除药；分舱提醒；内盖数字标识，设计精巧	重量70g；纽扣电池；有配套App和微信小程序
	星优智能药箱	方形	白色/灰色	PP+ABS	一般患者	家用/户外	三层设计，分层分区收纳药品；采用翻盖结构；不拆盒储存	多功能，大容量，占地小，智能定时间钟，分类清晰，快速找药，节省时间	低功耗蓝牙，省电优化
	电子六格药盒	方形	白色/蓝色/灰色	塑料	一般患者	家用/户外	整体为6个药舱；翻盖结构；拆盒储存	智能定时间钟提醒，随身便携	型号：mw-303 无配套App
	战格方糖药盒	方形	白色/绿色/黄色/灰色/粉色	环保PP	一般患者	家用/户外	整体为4个药舱；采用翻盖结构；内盒外壳一体设计，独立四个，分装药丸	一键开盖设计，内回卡扣自动弹开；不同药品分格装入，迷你随身旅行装药	马卡龙色，玲珑盒身，无配套App
	若佳智能药箱	方形	碧海蓝/典雅白/极致黑	PC（FDA认证）	一般患者	家用/户外	6格可合并为3格	分舱提醒，药量显示，多时间段设置，三重提醒，可视化LED显示屏，物理按键	重量160g（不带电池），205g（带电池），2节5号电池；无配套App

续表

图片	名称	形状	颜色	材质	目标用户	使用场景	药舱结构	产品亮点	其他
	IHKITS智能药箱	方形	白色/深灰色	医用材质	一般患者/老年患者	家用	识别药品标签、自动录入药品信息；整体一个药舱；不拆盒储存	自动感应用药；操作简单，双向语音互动；记录用药数据，构建个人健康档案	采用非接触式电子标签感应技术，智能化感知每一次用药行为；内置蓝牙模块，有配套App
	小熊智能药箱	方形	绿色/粉色/蓝色/灰色	医用材质	一般患者/老年患者	家用	顶层托盘式设计，可以放一些小体积、常用药物；取下托盘可以放一些瓶身较高的液体，在空间布局上，方便不同体积和剂量单位的药物存放	一键咨询、智能查药、服药提醒、体征测量、在线同诊、AI智能语音，支持人项体征检测；有配套居家健康类微信小程序	按压抽拉抽屉，磁吸翻盖；健康管理记录、个性化医疗级检测选配，有配套微信小程序
	"爱晖"健康管家自动配药机器人	圆柱和方形	白色/灰色/黑色/红色/绿色	医用材质	慢性病患者/老年患者	家用	储药盒8个，服药盒1个；拆盒储存	自动提醒、服药提醒、体检提醒；缺药提醒、触控操作、温湿度保护、遮光保护；服药周期时段设置，快捷进入	重量2000g；12V直流电源；有配套App和微信小程序
	Pilleve智能配丸瓶	圆柱	灰白色/黄褐色	医用材质	一般患者	家用	整体为1个药舱；拆盒存储	设置成人安全锁，帮助用户控制自己的摄入量，实时监控器提醒	药丸瓶带有一个已连接的智能手机应用程序，该应用程序可以实时准确地监测患者的摄入量

表 3-2　竞品分析 b

图片	名称	形状	颜色	材质	目标用户	使用场景	药舱结构	产品亮点	其他
	MEMOBOX 智能药箱	方形	白色	机身为 ABS 树脂和吸附磁条，内盒为医药级高密聚合物	一般患者 / 老年患者	家用 / 户外	整体为 24/7 个药舱内格，有单独替换内盒；采用翻盖结构，可拆盒或木拆盒存储，通用性强	智能学习服药习惯，生成服药记录；不同组合方式满足个性化用药需求；与家人远程互动提醒服药，用手机呼叫药盒	重量 70g；锂离子循环充电电池，续航一个月；有蓝牙和配套 App
	叮叮关爱智能药盒	方形	白色 / 蓝色	机身采用 PC+ABS，内盒为医疗级 PP	一般患者 / 老年患者	家用 / 户外	中间翻盖式设计；整体为 2 个药舱，一侧为 AB 舱（2 格）；另一侧为 C 舱（3 格）；拆盒存储	智能服药提醒，自主学习用户的独特用药习惯；非子女语音的真人语音播报；敲击药盒查看下次服药的种类和时间	可充电锂电池，续航一个月；防尘密封结构，防摔防泼水，防水；有蓝牙和配套 App
	洛可可智能药箱	方形	白色 / 原木色	木质	一般患者 / 老年患者	家用 / 户外	智能药箱有 4 个放药格子，分别放早上、中午、傍晚和晚上的药，到设定时间时相对应的格子会自动弹开	高清显示屏，服药提醒，用户的服药信息能够实时同步到手机 App，便于子女监护老人服药情况	外观简洁大方，木质材料的使用与现代的家居环境相适应，可搭配便携小药盒使用，有配套 App
	康言智能药箱	方形	白色 / 灰色 / 绿色 / 蓝色 / 红色 / 橙色	医用材质	一般患者 / 老年患者	家用 / 户外	安全、醒目的储药单元，早中晚三色区分；一次装七种药，七日用量，方便携带	大容量收纳；App 管理药箱和手机，安全童锁，应急呼救，声光智能提醒；医疗记事本功能，云数据分享	重量 3.3kg；超大储存空间，合理布局，防潮遮光，耐脏易清洗，有配套 App

续表

图片	名称	形状	颜色	材质	目标用户	使用场景	药舱结构	产品亮点	其他
	有格智能药箱	方形	白色为主，点缀蓝色和红色	食品级材料	一般患者	家用／户外	整体为8个药舱，采用翻盖结构；拆盒存储，按照每天服用药物进行存储	语音留言，药箱定位，紧急药舱	重量90g；基于微信打开，发小程序，采用物联网，数据卡通信
	IEZ智能药箱	方形	白色为主，点缀红色	环保塑料	年轻患者	家用／户外	整体为5个药舱，采用模块化结构；拆盒存储	智能药箱与App双重提醒，双重指引	重量235g；采用蓝牙低功率技术；7号电池，无配套App
	VV-BOX智能药箱	柱形	白色／灰色	医药级高密度聚合物	一般患者	家用	整体为2个药舱；不拆盒存储	人体红外感应；语音留言，子女通过App远程监控	用药提醒，及时查看，App上查看服药记录和健康数据信息，搜索健康知识
	港湾智能药箱	方形	黑色／深灰色／褐色	玻璃和塑料	慢性疾病患者	家用	整体为4个药舱；扁平化设计；不拆盒存储	构建医疗沟通平台，健康档案，提供药箱警报，一键呼叫	硬件和医疗服务配合，可在微信端查看用药信息
	DISON胰岛素冷藏盒	方形	白色／绿色／蓝色／黄色	环保塑料	一般患者	家用／户外	单舱，隔热层，制冷，恒温	服药日志，微信群服药动态发布	重量235g，4.9in大屏，无配套App

3.1.2 用户调研

老年人是一个特殊群体，在用户调研前，需要对特殊人群进行生理、心理等状况的前期分析。然后，再采用问卷调查、访谈和观察等方法对空巢老人进行调研。同时，老年人的子女是智能药箱的间接用户，子女通过智能药箱的云端同步，了解父母的健康状况和服药情况。基于以上分析，患慢性疾病的空巢老人为主要被调研对象，其子女为辅助被调研对象。

3.1.2.1 用户前期分析

（1）生理特征

老年人生理上最显著的变化就是各感官逐渐衰退，视力下降和听觉灵敏度下降，对文字、声音的刺激不敏感，对外界的感知能力和理解能力减弱。因此，老年人在使用产品时的理解力和灵敏度下降。其次，记忆力的减退让老年人常常忘记事情，如忘记按时服药。再者，老年人身体素质下降，肢体无法大幅度运动，更无法剧烈运动，甚至行走过程也容易跌倒。最后，老年人在应对突发状况时不能够迅速处理。这些生理因素都影响着空巢老人独自居家的安全性。

（2）心理特征

随着老年人身体健康状况的下降，他们变得更为敏感、焦虑，因此更需要陪伴和关心。尤其是处于独居环境的空巢老人容易感到孤独，缺乏安全感，常常因过度担忧，产生负面情绪。同时，他们常常思念子女，既希望与子女经常沟通，但又小心翼翼不敢打扰年轻人的生活。由于子女不在身边，身体机能下降的空巢老人在日常服药过程中会遇到更多的困难。

（3）老年人常见疾病和药品研究

老年人的常见疾病种类比较多，如代谢类疾病，常见的有高血压、高血脂、高血糖等，神经系统疾病，常见的有脑梗塞、脑萎缩、痴呆等；心血管系统疾病，常见的有冠心病、心律失常、肺心病等；呼吸系统疾病，常见的有慢性支气管炎、哮喘等；还有白内障、青光眼、耳聋、耳鸣、关节炎等常见疾病。如图 3-1 和图 3-2 所示，本项目主要针对老年人常见的慢性疾病高血压和糖尿病，以及日常服用药品的研究。

3.1.2.2 用户访谈和观察

在访谈之前，需要先根据用户前期分析来设计出访谈提纲或脚本，通常包括用户的基本信息、日常关注点、心智模型、典型活动场景和环境、相关产品使用情况、对产品的态度和期望等。在空巢老人的智能药箱设计项目中，如表 3-3 所示的部分提纲和问题，须包含老年人的病历情况和药品使用情况，为调查问卷的设计和产品设计的方向提供一定的参考。在完成空巢老人的访谈记录（表 3-4）总结后，我们就能够发现一些产品设计的可切入点。在对空巢老人进行针对性访谈时，一定要考虑老年人的生理和心理状态，访问者需要语速慢、声音洪亮等。同时，我们还需到空巢老人的家中观察用户真实生活环境、储存药品行为、服药行为和过程（表 3-5），以便了解用户行为产生的环境和原因，用户行为的过程，深入洞察用户真实的需求和目的，确定新的功能方向，为未来产品设计做参考。

通过对空巢老人的访谈，综合他们的服药情况、药品储存情况，以及紧急突发病情时老人的行为和期望，突出表现为七个方面的需求：服药提醒、药品识别、服药记录、定期检查提醒、与子女联系、紧急呼叫和买药。同时，通过对子女的访谈，整理出四方面的需求：及时获得父母身体状况、了解父母是否按时服药、提醒父母吃药、帮父母买药。

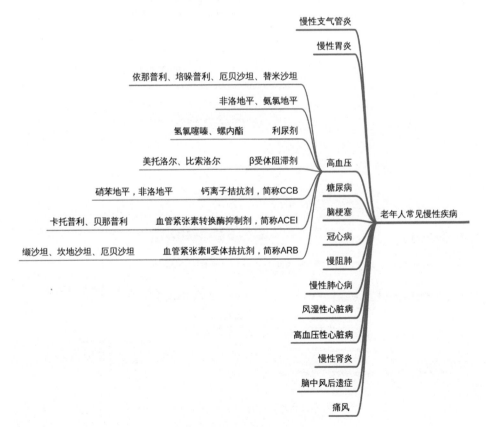

图 3-1　高血压常用药品

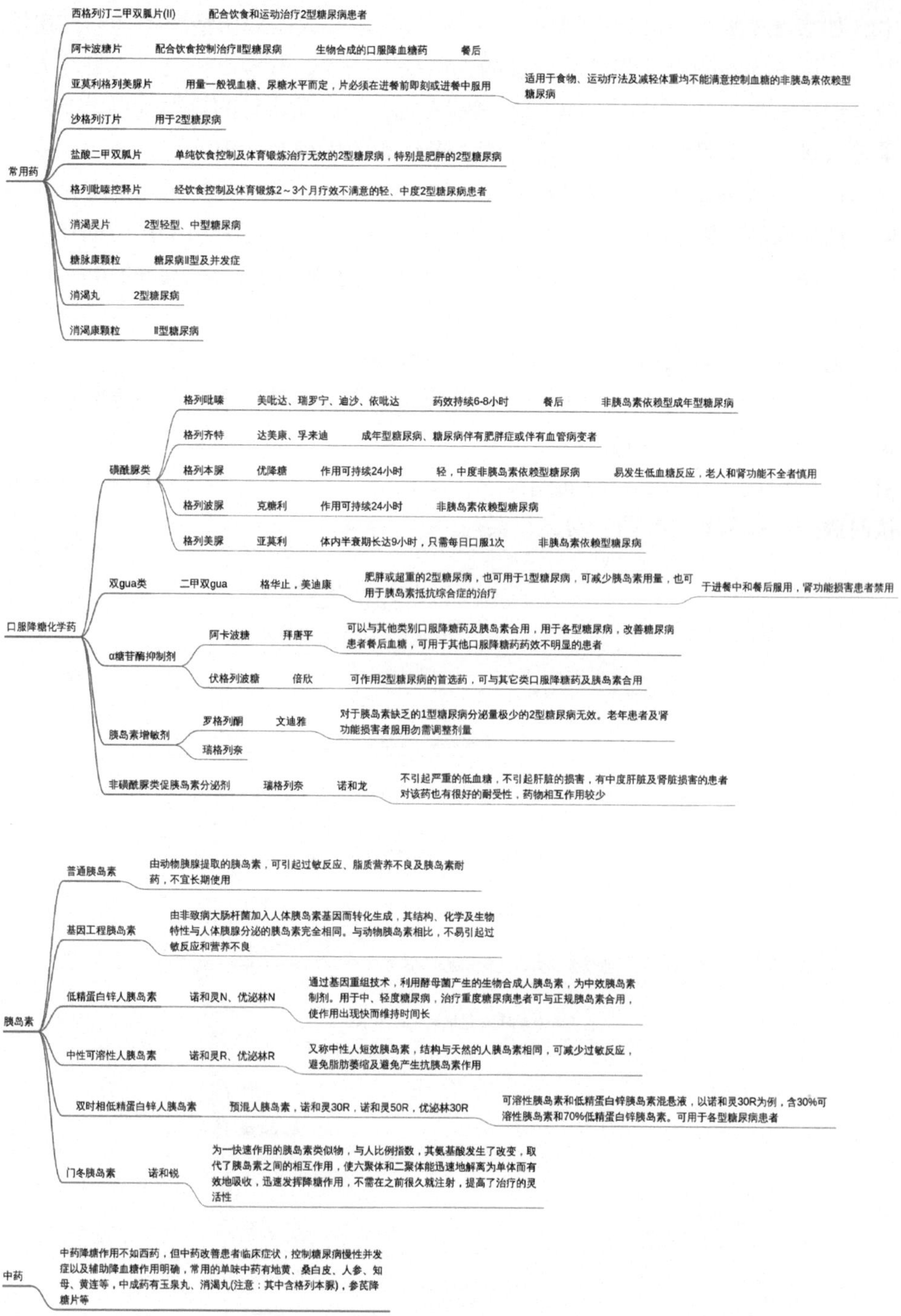

- **常用药**
  - 西格列汀二甲双胍片(II) — 配合饮食和运动治疗2型糖尿病患者
  - 阿卡波糖片 — 配合饮食控制治疗II型糖尿病 — 生物合成的口服降血糖药 — 餐后
  - 亚莫利格列美脲片 — 用量一般视血糖、尿糖水平而定，片必须在进餐前即刻或进餐中服用 — 适用于食物、运动疗法及减轻体重均不能满意控制血糖的非胰岛素依赖型糖尿病
  - 沙格列汀片 — 用于2型糖尿病
  - 盐酸二甲双胍片 — 单纯饮食控制及体育锻炼治疗无效的2型糖尿病，特别是肥胖的2型糖尿病
  - 格列吡嗪控释片 — 经饮食控制及体育锻炼2~3个月疗效不满意的轻、中度2型糖尿病患者
  - 消渴灵片 — 2型轻型、中型糖尿病
  - 糖脉康颗粒 — 糖尿病II型及并发症
  - 消渴丸 — 2型糖尿病
  - 消渴康颗粒 — II型糖尿病

- **口服降糖化学药**
  - **磺酰脲类**
    - 格列吡嗪 — 美吡达、瑞罗宁、迪沙、依吡达 — 药效持续6-8小时 — 餐后 — 非胰岛素依赖型成年型糖尿病
    - 格列齐特 — 达美康、孚来迪 — 成年型糖尿病、糖尿病伴有肥胖症或伴有血管病变者
    - 格列本脲 — 优降糖 — 作用可持续24小时 — 轻、中度非胰岛素依赖型糖尿病 — 易发生低血糖反应，老人和肾功能不全者慎用
    - 格列波脲 — 克糖利 — 作用可持续24小时 — 非胰岛素依赖型糖尿病
    - 格列美脲 — 亚莫利 — 体内半衰期长达9小时，只需每日口服1次 — 非胰岛素依赖型糖尿病
  - **双gua类**
    - 二甲双gua — 格华止、美迪康 — 肥胖或超重的2型糖尿病，也可用于1型糖尿病，可减少胰岛素用量，也可用于胰岛素抵抗综合症的治疗 — 于进餐中和餐后服用，肾功能损害患者禁用
  - **α糖苷酶抑制剂**
    - 阿卡波糖 — 拜唐平 — 可以与其他类别口服降糖药及胰岛素合用，用于各型糖尿病，改善糖尿病患者餐后血糖，也可用于其他口服降糖药药效不明显的患者
    - 伏格列波糖 — 倍欣 — 可作用2型糖尿病的首选药，可与其它类口服降糖药及胰岛素合用
  - **胰岛素增敏剂**
    - 罗格列酮 — 文迪雅 — 对于胰岛素缺乏的1型糖尿病分泌量极少的2型糖尿病无效。老年患者及肾功能损害者服用勿需调整剂量
    - 瑞格列奈
  - **非磺酰脲类促胰岛素分泌剂**
    - 瑞格列奈 — 诺和龙 — 不引起严重的低血糖，不引起肝脏的损害，有中度肝脏及肾脏损害的患者对该药也有很好的耐受性，药物相互作用较少

- **胰岛素**
  - 普通胰岛素 — 由动物胰腺提取的胰岛素，可引起过敏反应、脂质营养不良及胰岛素耐药，不宜长期使用
  - 基因工程胰岛素 — 由非致病大肠杆菌加入人体胰岛素基因而转化生成，其结构、化学及生物特性与人体胰腺分泌的胰岛素完全相同。与动物胰岛素相比，不易引起过敏反应和营养不良
  - 低精蛋白锌人胰岛素 — 诺和灵N、优泌林N — 通过基因重组技术，利用酵母菌产生的生物合成人胰岛素制剂，用于中、轻度糖尿病，治疗重度糖尿病患者也可与正规胰岛素合用，使作用出现快而维持时间长
  - 中性可溶性人胰岛素 — 诺和灵R、优泌林R — 又称中性人短效胰岛素，结构与天然的人胰岛素相同，可减少过敏反应，避免脂肪萎缩及避免产生抗胰岛素作用
  - 双时相低精蛋白锌人胰岛素 — 预混人胰岛素，诺和灵30R、诺和灵50R，优泌林30R — 可溶性胰岛素和低精蛋白锌胰岛素混悬液，以诺和30R为例，含30%可溶性胰岛素和70%低精蛋白锌胰岛素。可用于各型糖尿病患者
  - 门冬胰岛素 — 诺和锐 — 为一快速作用的胰岛素类似物，与人比例指数，其氨基酸发生了改变，取代了胰岛素之间的相互作用，使六聚体和二聚体能迅速地解离为单体而有效地吸收，迅速发挥降糖作用，不需在之前很久就注射，提高了治疗的灵活性

- **中药**
  - 中药降糖作用不如西药，但中药改善患者临床症状，控制糖尿病慢性并发症以及辅助降血糖作用明确，常用的单味中药有地黄、桑白皮、人参、知母、黄连等，中成药有玉泉丸、消渴丸(注意：其中含格列本脲)、参芪降糖片等

图 3-2　糖尿病常用药品

表 3-3　针对空巢老人的访谈提纲和问题（部分）

分类	问　　题
病历情况和药品使用情况	（1）慢性病 ①您有哪些慢性病？得病时间？您有没有住院经历或手术经历？ ②现在针对哪种疾病服用哪些药品？您的服药数量、服药频率、分别购买数量、一次能吃多长时间？ ③记忆药品种类或名称等是否有困难？您有没有出现过忘服药、服错药的情况？ ④有什么不良反应吗？又是如何处理的？有没有产生过比较严重的后果？有没有补救措施？ ⑤可以具体描述服药过程吗？ ⑥您靠什么方式判断自己身体健康情况？ （2）非慢性病 ①除了慢性病，平时会得感冒或者发烧之类的病么？ ②家里会不会常备一些普通疾病的药品，都有哪些？ （3）药品 ①不同药品之间是否有药性冲突，有没有遇到过？您怎么知道药性之间冲突的？ ②平时在吃药方面有没有什么忌口？如何搭配自己的服药情况？ ③除了医生开药，您会自己购买药品吗？线下药店或是网上药店？ ④您是否会更换常用药品？换药是根据医生的建议，自己的知识，还是其他相同患者的建议？ ⑤您是否有过买错药的经历，是什么原因？记不住药名或是记不住厂家？ ⑥您通常靠什么来识别药品信息？ ⑦您有没有定期检查药品是否够用或是过期的习惯？
服药辅助设备	①家里目前有什么设备辅助吃药？ ②平时使用过什么设备提醒吃药？ ③平时手上或是身上佩戴什么吗？
……	

表 3-4　针对空巢老人的访谈记录总结表（部分）

用户	常见问题总结	可切入点
访谈记录 1 男性，78 岁	①药品的日常放置问题（种类多，混乱） ②有多种慢性病，需要长期服药，一次会开比较大的数量。有一些药品每盒药很少，会出现大量药盒放置问题 ③药品和药品之间的药性冲突问题，长时间会遗忘服用要求 ④药品的日常储存问题（冷藏、背光等）	提醒药品与药品之间的冲突，提醒药品的服用要求，合理放置药品，药品冷藏，不需要经常整理药品
访谈记录 2 女性，72 岁	①药品与食物的冲突问题 ②有多种慢性病，需要长期服药，不同药品的服用时间 ③药品和药品之间的药性冲突问题 ④忘记是否吃过药 ⑤药品的日常放置问题（放在餐桌上，混乱）	提醒药品与食物之间的冲突，智能提醒和记录药品的日常服用过程，合理放置药品
访谈记录 3 女性，69 岁	①药品的日常放置问题（放在餐桌上，混乱） ②紧急时找不到正确的药	合理放置药品，应对突发状况的用药
……		

表 3-5 针对空巢老人的观察记录表（部分）

用户	现象	记录
观察记录 1 男性，83 岁	①左耳听力不太好，视力良好，健谈 ②生活健康，经常喝开水，家里常备暖壶 ③不会用智能手机，使用老年机，仅用来接听拨打电话，经常与子女联系 ④家里的沙发上有一个塑料袋，里面装有每日服用的多种药品，但各种药品混在一起，盒装药、瓶装药一起堆放 ⑤茶几上面零零散散放着正在吃的药，放置药品的地方不统一，也没有专门固定的地方储药	
观察记录 2 女性，80 岁	①腿脚不方便，也不爱出门，常常一个人待在家里看电视、听戏曲 ②家里的常备药品与其他物品一起被堆放在角落，没有储药装置，也没有做区分储存 ③吃饭的桌子上放了一个蓝色小箱子，里面放有日常使用的药品 ④打开箱子需要两手共同使用，操作麻烦，箱子无其他功能 ⑤各种药品混合储存，寻找起来耗费时间，还要仔细辨别药品名称	
观察记录 3 男性，71 岁	①身体机能明显下降，关节疼痛，上下楼梯行走不便 ②右手大拇指曾经受伤，弯曲不灵活。手抖且无力，对于带瓶盖的药品，拧开瓶盖比较费劲 ③记忆力出现衰退现象，但并不严重 ④平时使用智能手机。经常与子女联系 ⑤患有糖尿病，平时靠药品控制。一日之内要口服四类药品，经常忘记按时服用。同时，外出时一次携带四类药盒极其不便 ⑥卧室的柜子里面储存着平时多购买的药品，作为囤货，药品种类较多，摆放杂乱，而且柜子里还放置着其他物品，寻找药品不便 ⑦客厅里的茶几上堆放着日常吃的药品	
......		

3.1.2.3 问卷调查

本项目的问卷调查对象有两类，主要用户是空巢老人和次要用户是老年人子女。面向空巢老人的问卷调查有一定难度，尤其当空巢老人没见过智能药箱产品时，很难得到有效数据，因此，我们更多地采用访谈法和观察法。通过对老年人子女进行问卷调查，能间接了解主要用户的基本情况、行为习惯和特征、服药过程中遇到的问题，以及对服药过程中智能药箱的预期等。同时，部分空巢老人在设置智能药箱时的障碍较多，可能会需要子女通过云端为其操作，因而，采用线上和线下混合的形式，在问卷调查时，问卷的问题需要包含主要用户和次要用户的需求。通过一系列较为细致的问题和选择，我们能够明确用户的具体需求，如表 3-6 是关于智能药箱功能需求的部分问题和选择，表 3-7 是调查后得到用户对功能的具体需求。

表 3-6　智能药箱的功能需求问题（部分）

您希望智能药箱具备什么功能？（多选，最少选择一项）	
□液晶屏显示，触屏操作	□实时推送生活养生健康的消息
□测量功能（如脉搏测量仪、血糖、血压的功能）	□手机 App 软件控制，与家人捆绑，实时了解（被了解）其用药或身体状况
□老人与家庭成员健康档案的建立	□显示药的种类和质量
□与家人联系的语音电话或视频等远程互动功能	生成服药记录，个性化制定服药计划
□操作步骤提示	□自动划分吃药剂量
□加药照明	□药量显示，缺药提醒
□服药周期时段设置	□精准服药提醒
□过期药品临时存储区	□重复用药提醒
□预约过期药品回收及送药上门服务	□过期药品的多重提醒
□扫码识别自动录入、储存药品信息	□紧急呼叫
□自定义挡板药品存放分区以保存药品，节约空间	□特殊药品储存区以避免光线温度等原因导致药品快速过期
□可替换药舱	□多种灯光提醒
□药品保质期监测	□体检提醒
□指纹解锁快捷进入	□温湿度提醒
□交互式语音	□便于携带
□音乐播放	□方便生活
□ GPS 定位老人	□操作简单
□移动电源作用	□外观时尚精美
□紫外消毒功能区	□健康趋势分析
□附近药品共享	□避免儿童误食

表 3-7　功能需求

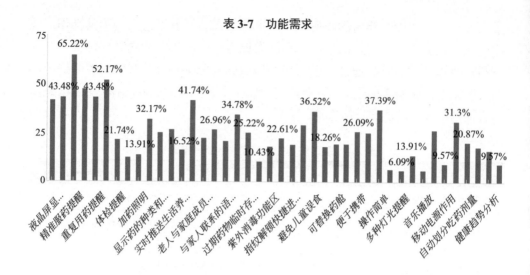

3.1.2.4　用户行为流程分析

智能药箱产品的功能较多，用户产生的行为也较多，如给药箱添加药品，用户使用药箱进行服药，提醒用户重复用药、忘记用药或药品过期，药舱的清理行为等。通过用户的访谈、观察和问卷调查，总结出用户不同行为的一般流程，分析如图 3-3 和图 3-4 所示。

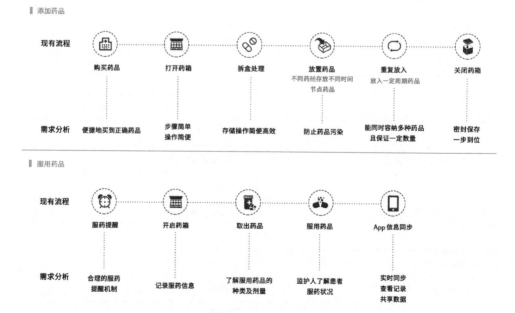

图 3-3　情境分析 a

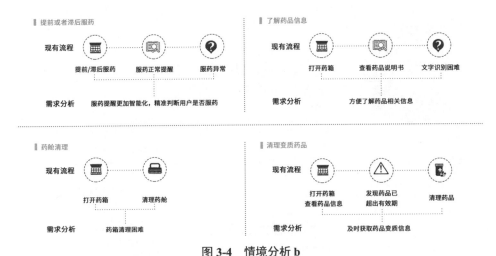

图 3-4　情境分析 b

3.1.2.5　创建用户角色模型

通过前期用户研究，创建两个用户角色模型，分别是患慢性疾病的空巢老人和子女，人物角色模型如图 3-5 和图 3-6 所示。

图 3-5　空巢老人用户角色模型

图 3-6　子女用户角色模型

3.1.2.6　绘制用户旅程地图

在情景分析的基础上，通过细分用户的行为，思考和总结用户的关键行为节点，梳理用户的痛点和问题，作出对应的机会点，绘制用户旅程地图（图 3-7）。

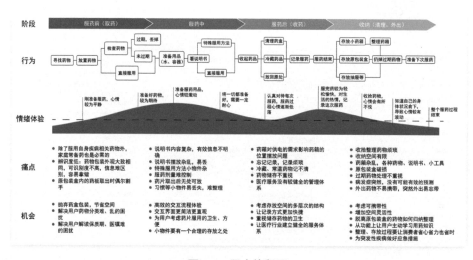

图 3-7　用户旅程图

3.1.2.7　用户的痛点需求与功能转化

如图 3-8 所示是用户的痛点需求与功能转化。

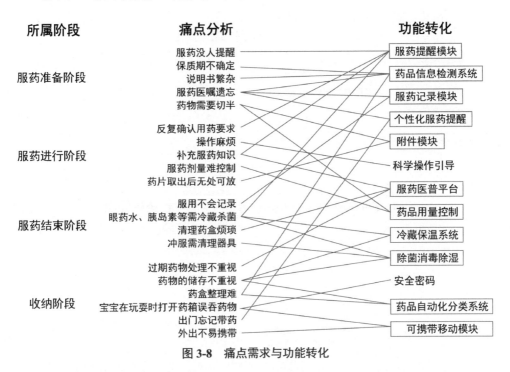

图 3-8　痛点需求与功能转化

3.1.3　方案设计

通过竞品调研和用户调研，确定产品的定位，包含功能、色彩和造型等，推敲方案，完成产品的 App 设计和造型设计。

3.1.3.1　产品定位

造型定位：几何形体，无过多复杂结构，简洁流畅，安全稳定，有现代感。

颜色定位：产品以黑、白、灰为主，配合红、绿、蓝、黄、橙色等明度较高的辅助彩色，起到醒目的作用。App 的色彩选择白色主色和绿色辅助色，以及黑色字体，体现了清新健康、识别性高的特点。

材料定位：医用级材质或合金。

功能定位：

①专业的储药和监测方式；

②有效的多重服药提醒；

③科学的操作引导；

④ 操作简便；

⑤ 子女随时随地能够方便了解到父母情况；

⑥ 能够联系老人、家人与医生；

⑦ 可穿戴设备，出门随身携带，储药和提醒服药；

⑧ 医生共享健康数据，及时了解病史，更有针对性地紧急救援。

3.1.3.2　智能药箱的信息架构和 App 设计

智能药箱上的 LED 界面和手机 App 都能显示信息，如图 3-9 所示，它们的功能和显示内容不完全一致，因而需要区别对待。

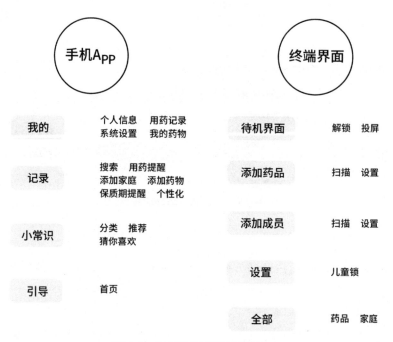

图 3-9　不同终端信息显示内容

（1）智能药箱 LED 界面信息架构

智能药箱的 LED 界面信息主要是显示用户对药箱的直接操作和反馈，其用户主要是空巢老人，行为包括日常取药，对药品的添加、清理等，信息架构如图 3-10 所示。

（2）手机端 App 信息架构

手机端的 App 用户包括空巢老人和子女，其信息架构相对复杂，如图 3-11 和图 3-12 所示。

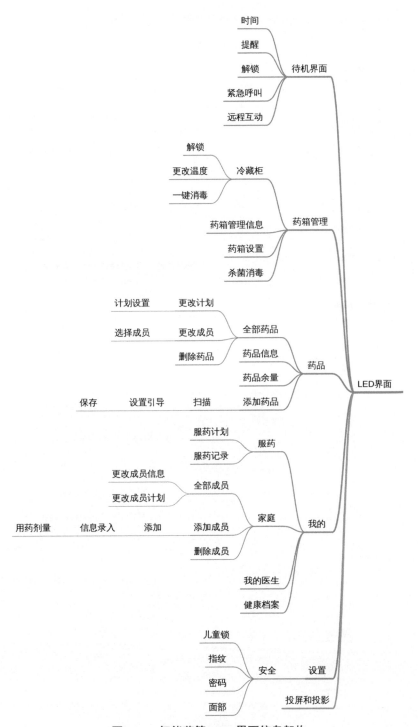

图 3-10 智能药箱 LED 界面信息架构

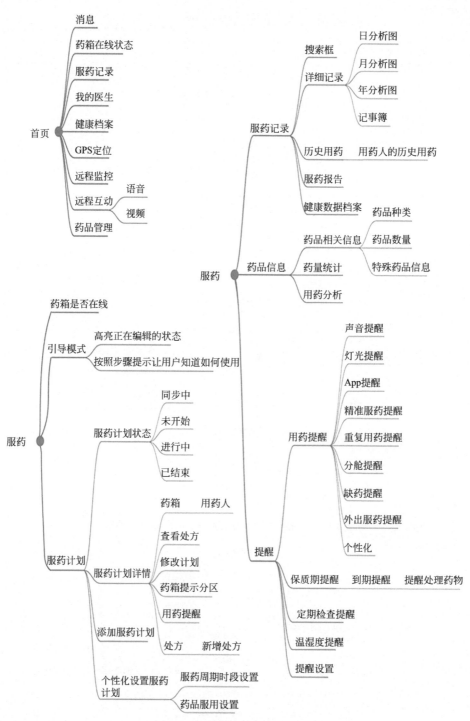

图 3-11　手机端 App 信息架构 a

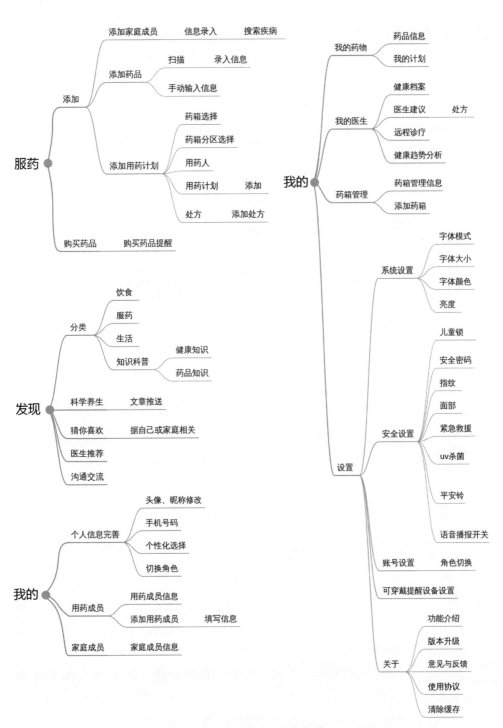

图 3-12　手机端 App 信息架构 b

（3）App 用户逻辑

通过用户空巢老人、子女和医生分析出用户逻辑，如图 3-13 所示。

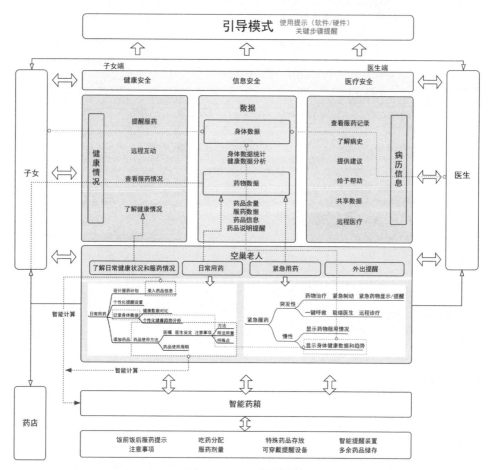

图 3-13　App 用户逻辑

图 3-14　软件标识设计

（4）界面设计

基于智能药箱的概念，提取药箱元素视觉化，让用户备感亲切，降低认知成本。如图 3-14 所示，标志色调以绿色系为底色，代表平和、健康和生生不息。图 3-15 、图 3-16 是手机 App 的界面设计，采用白色底色、绿色辅助色和橙色点缀色。

图 3-15　界面设计 a

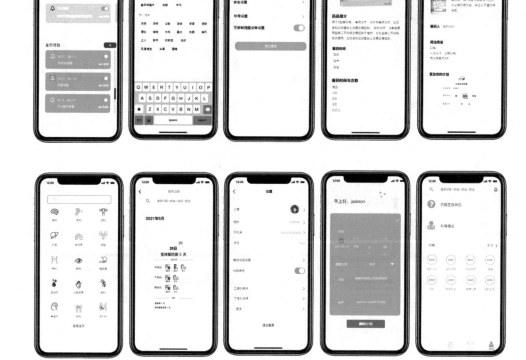

图 3-16 界面设计 b

3.1.3.3 智能药箱造型设计

根据市场调研和用户分析进行产品定位后，基于产品功能、用户使用和加工生产的要求，对方案进行推敲和筛选。智能药箱采用模块化设计思想，采用几何方形为基本造型模块，模块间采用连接结构，单独或整体均可使用。功能模块有智能提醒模块、储药模块和特殊药物存放模块。手环是外出时穿戴产品，主要是智能提醒模块，屏幕下方的三个小药舱可以随身携带一些紧急药物，以备不时之需。手环的腕带和主体也可分开使用，增加了用户的使用方式。图 3-17 是造型推敲和结构推敲，图 3-18、图 3-19 是方案的最终效果图。

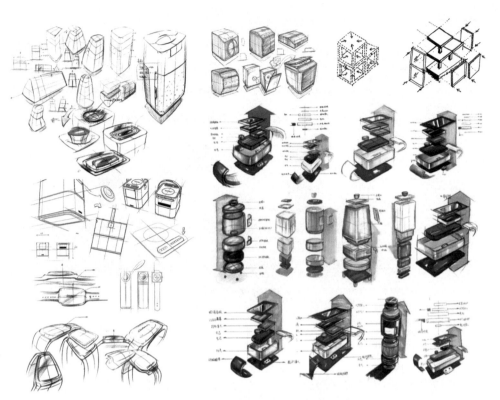

图 3-17 造型推敲和结构推敲

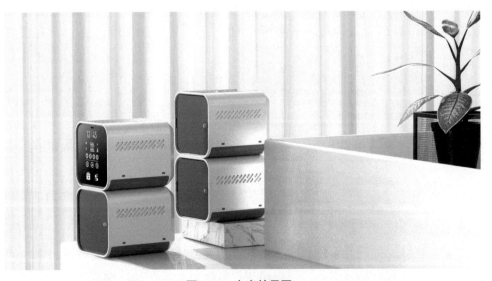

图 3-18 方案效果图 a

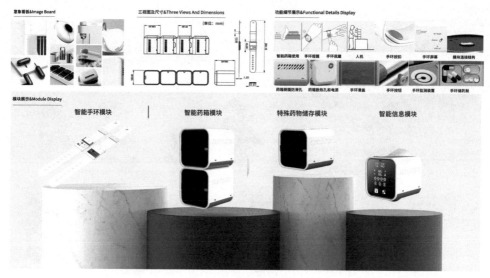

图 3-19 方案效果图 b

3.2 多功能智能手杖设计

随着互联网和物联网等技术的不断发展，越来越多的智能化科技产品出现在人们生活之中。手杖是有行动障碍人群的必备产品，也是众多银发族日常生活的必需品。通过应用智能技术，智能手杖从传统的靠单一支撑功能辅助行走的产品过渡到多功能、智能化的科技型产品。在中国老龄化来临的时候，以老年人为用户的智能手杖产品的开发市场潜力大，具有积极的现实价值。

3.2.1 用户调研

3.2.1.1 用户调研方法

访谈法：通过对老年用户的访谈、询问来获取信息转化需求，挖掘出深层的需求点。

观察法：观察行动不便老年人在使用手杖类产品，或未使用手杖类产品时行走的场景，从老年人的肢体行为、异常动作或辅助物件中获得创新点、问题点和需求点。

问卷法：通过问卷可广泛收集用户群体在使用手杖类产品时普遍出现的问题，作为重要设计切入点，同时调研用户群体对未来产品的期望，为之后的设计提供方向。

3.2.1.2　用户访谈和观察

通过对人口和城市发展的分析，寻找行动不便的老年人可能出现的地点，如城市的老旧小区、敬老院和中医院等地点。如表 3-8 所示，规划出用户访谈和观察的时间和地点。

表 3-8　访谈和观察的时间地点表

调研时间	调研地点
××-×× 8：00—18：00	×× 院小区
××-×× 9：00—17：00	×× 敬老院
××-×× 9：00—18：00	×× 市中医院

目的：了解老年人行走不便时的应对策略，使用手杖辅助行走时的心理，收集老年人使用现有手杖过程中出现的问题和需求，采集老年人现在常用手杖的基本信息，获取老年人对手杖类产品的期望预期。

访谈和观察对象：六十周岁以上，行走不便或需要手杖辅助行走的老年群体（图 3-20）。

图 3-20　用户观察

通过对用户访谈和观察进行总结，完成需求陈述和需求转化。如表 3-9 ～表 3-11 所示是其中三位有代表性的用户的需求转化表。

表 3-9　需求转化表 a

访谈对象基本信息：张奶奶，74 岁，地址：×× 院小区，时间：××		
问题与提示	用户陈述	需求理解
日常生活	平时出门会带急救药	携带急救用品
	膝关节疼、小腿疼	降低关节和小腿肌肉受力
	用的时间长了就拿不掉了	减少用户过度依赖性
	拿出去就该被别的人开玩笑说老了	提升用户心理接受能力
	天气好了会去公园逛一逛	天气预测功能
	腿实在是太疼，会用一用	
现有产品优点	别人山上弄的，送我了一副	价格便宜
	这是红木的，摸着手感挺不赖的	把手质感要舒适
	长了自己截短一点	能够调节高度
	挺结实的	材料要结实耐用
	也不是很重	重量要轻
现有产品缺点	这个把手的角度不是很舒服	把手角度要符合人机工程
	上面这个疙瘩有点磨手	把手尺寸要符合人机工程
	截短了就用不成了	能够调节高度
	也不是很防滑，得弄个垫儿垫在下边	防滑

表 3-10　需求转化表 b

访谈对象基本信息：李奶奶，80 岁，地址：×× 院小区，时间：××		
问题与提示	用户陈述	需求理解
日常生活	腰疼、骨质疏松	辅助减少腰部用力
	大多数都是住在一楼	上下楼梯需求
	平时出去随身带着速效救心丸	携带急救药品
	家里有小推车和手杖，但是基本上都不用	
	手杖这东西虽然用着好用，但是用着用着就习惯了，一不用就不行了	减少用户过度依赖性
	平时比较喜欢听戏	娱乐需求
现有产品优点	自己家人去山上砍的	价格便宜
	桃木的，能辟邪	文化需求
	没有怎么用过，但是用的时候挺好用的	确实需要辅助行走的器具

续表

访谈对象基本信息：李奶奶，80 岁，地址：×× 院小区，时间：××		
问题与提示	用户陈述	需求理解
现有产品缺点	上下楼梯不行，专门把门口弄成坡	上下楼梯需求
产品预期	可以弄个定位，这样家里人也放心	定位功能
	照明没啥必要，晚上一般都不出去，出去了家人也不放心	不需要照明

表 3-11　需求转化表 c

访谈对象基本信息：张阿姨，50 岁，地址：×× 院小区，时间：××		
问题与提示	用户陈述	需求理解
日常生活	婆婆有人照看才能走	增强产品的安全性和信任度
	婆婆平时得躺在床上有人伺候	
	起身也得有人照顾才行	辅助起身和坐躺
	家里有小推车	增强产品的安全性
	婆婆之前走路能自己走，摔倒住院后就不敢自己走	增强用户使用过程中的安全性和信任度
	有些功能没必要添加，自己能做到的没必要再买个东西去	性价比合理
现有产品优点	小推车体积较大	减少体积
现有产品缺点	小推车重量大	重量要轻
产品预期	自己能独立使用	使用简单

3.2.1.3　问卷调查和需求重要度分析

本项目的问卷调查对象有两类，主要用户是行动不便的老年人，次要用户是家中有行动不便老年人的子女。通过对老年人子女进行问卷调查，能间接了解主要用户的基本情况、行为习惯和特征，行走时遇到的常见困难，以及对辅助行走产品的预期等。使用五分法进行用户需求重要度分析，其中 5 分代表非常重要、4 分代表重要、3 分代表一般重要、2 分代表不重要、1 分代表很不重要。通过一系列较为细致的问题和选择，结合问卷调研结果，对用户需求重要度进行判断（表 3-12），得到以下六个常见问题。

① 对手杖类产品持有率的统计，半数以上的老人都会常备手杖类的助行产

品，与市场需求相符。

②对老人使用手杖频率的统计，几乎所有老人都会使用手杖，少数是偶尔使用，多数为经常使用，整体来看手杖的携带使用率较高，表明老年人对手杖的依赖性较强，可向便携性方向设计。

③关于手杖产品功能期望调研结果来看，定位和紧急报警等功能的需求度比较高，其次是导航系统、照明、电话联络等功能，最终是娱乐性需求。可见老年人和其子女对于老年人的安全最为关心，在设计时着重考虑手杖的安全性和紧急措施辅助的功能。

④关于改进点调研结果显示，以功能、重量、长度调节、材质选择为主要的改进点。在功能上趋向多功能发展，将辅助听力、辅助休息等老年人常需功能融合其中；在重量上要尽可能减轻重量。

⑤在色彩选择上，老年人更倾向于原木色、灰色，其次为中性色的搭配。在设计时可以将中性色融入到产品中。

⑥在材料选择上，老年人更倾向于重量轻但是坚固的材料，实木和碳纤维都比较受欢迎，接近半数的用户希望使用碳纤维等新材料，既降低了手杖的重量，又增强了强度，能体会科学技术的进步，符合用户对安全可靠性的要求。

表 3-12　用户需求重要度

序号	需求		重要度
	一级需求	二级需求	
1	功能性	辅助行走	5
2		辅助坐起	4
3	安全性	防滑	5
4		材料稳定性	4
5		紧急呼救	4
6		行程记录	3
7	易用性	重量	4
8		便携性	3
9		收纳	3
10		接受度	5
11		智能化程度	4

续表

序号	需求		重要度
	一级需求	二级需求	
12	扩展性	照明	2
13		带药	2
14		天气预报	1
15		听戏曲	3
16	舒适性	握把舒适	3
17		高度可调节	5
18		无线充电	4
19	价格	性价比	5
20	外观	色彩	3
21		材料	5
22		造型	4

3.2.1.4 设计切入点

通过用户调查和研究，主要从以下三个方面进行设计切入。

① 手杖的智能化不足，虽然我国科技进步很快，但老年产品智能化程度严重不足，老人享受不到科技进步的成果。

② 手杖产品心理接受度不足，目前用户使用的手杖主要是辅助行走，目的性明确，老年人使用时会觉得自己身体不好。

③ 适老化考虑不足，在设计"智能"手杖时，需要从适老化角度思考，让用户使用时产生愉悦的体验感。

3.2.2 竞品调研

3.2.2.1 竞品分析和总结

根据竞品的主要功能不同，将竞品划分为直接竞品和间接竞品两类。直接竞品是指市场上目标一致的产品，这部分产品用户群体针对性极强，产品功能和用户需求相似度极高；间接竞品是指用户群高度重合，功能需求互补的产品，目前不构成直接的竞争关系，但存在成为直接竞争关系的可能性。直接竞品主要是市场上的各种手杖产品，分析如表 3-13 和表 3-14 所示。

表 3-13　竞品分析 a

图片	名称	基本信息	尺寸	材质	优点	缺点
	RealLife	型号: RL-S02 颜色: 香槟色 重量: 510g 底座: 可旋转或拆卸	长度: 72~94cm 底座: 8×8cm	支柱: 铝合金 手柄: 环保塑胶	塑胶手柄弧度设计, 符合人机工程学, 适合抓握; 可换式底座, 根据不同症状和场景切换单足或四足	造型机械感较强, 容易对老年用户心理造成视觉; 铝合金金属外观, 给人冰冷的感觉; 灯光角度不能调节
	OTOOIYT	颜色: 橄榄色 重量: 350g 调节: 5段调节 特色: 可折叠设计	长度: 81~91cm	支柱: 铝合金 手柄: 木制 收纳袋: PVC	可折叠设计, 方便收纳与携带; 木质手柄, 质地均匀, 手感舒适; 脚垫抓地力强, 防滑减震	折叠式较为费力, 老年用户收纳过程中气不足易导致折叠不成功
	多功能手杖	颜色: 黑色、木纹色 功能: 通话、定位、音乐播放、照明 调节: 5挡 特色: 可折叠设计	上杆: 22cm 下杆: 19cm 长度: 70~94cm 壁厚: 0.12cm	支柱: 铝合金 手柄: 环保塑胶	功能较全, 考虑到老年用户的娱乐和紧急情况, 仿生底座更稳, 能够查询历史轨迹, 让儿女更放心	功能过多, 按键较小, 不方便老人操作; 按键界面设计对老人不太友好, 没有达到适老化标准
	氧精灵	颜色: 黑色 重量: 980g 功能: 夜间照明 调节: 5挡 特色: 可折叠设计	长度: 85~95cm 凳面: 24×24cm 凳面高度: 48~56cm	支柱: 铝合金 手柄: 磨砂橡胶 凳面: 高强度塑料	通过结构设计来实现助行和让用户坐下休息功能之间的转换, 三角支撑结构更加平稳	体型较大, 重量相对也比较重, 老人携带过程中有一定的负担
	tri-cane 手杖	颜色: 绢鼠灰、荧光黄	长度: 90cm 座位高度: 50cm 直径: 3.5cm	支柱: 铝合金 手柄: 塑料	把手打开形成一个三角凳, 提供休息功能; 将手杖和凳子巧妙地结合在一起, 用胸跨突出的部位, 方便打开把手; 以稳固手杖, 整个造型轻便低调	不能调节高度, 适用人群较大限制; 变成座椅后, 凳子面积大小, 不太安全; 老人起身没有辅助, 可能不容易站起来

续表

图片	名称	基本信息	尺寸	材质	优点	缺点
	Easy-line手杖	颜色：黑色 功能：夜间照明 调节：4挡	长度：75～90cm 直径：35mm	支柱：铝合金 手柄：塑料	通过结构翻转来实现不同模式之间的转换，扩大了用户的使用环境；造型上较为简单低调；转动调节灯的开关和亮度，更加适合老年用户操作	手柄处不太符合人机工程，对老年人抓握不太友好，容易磨到手指；转换时需要较大气力较大，对于老年用户群体可能没有足够的力去转动把手
	ALBERT手杖	颜色：黑色 调节：5挡 功能：健康助手 特色：智能化	长度：70～95cm 直径：32mm	支柱：铝合金 手柄：磨砂塑料	具有定位跟踪功能，方便子女查看；刻度显示身高，可以直接根据身高选择手杖高度；无线充电设计，方便老人充电；触觉反馈能改善老年人行走	连接处位置较粗，容易磨到；无线充电装置较薄，如果靠墙放置手杖，易导致放取不方便
	防滑手杖	重量：740g 调节：10挡	长度：75～90cm 壁厚：1.2mm 拐杖上段：21cm	支柱：铝合金 手柄：尼龙加玻璃纤维	新增起身扶手，能够辅助老人起身、蹲坐，手柄能够多角度旋转，适应行走的方向	新增的手柄对手杖的总产生影响，在使用的过程中会对用户形成一定的负担
	手杖凳	颜色：蓝色、黑色 重量：900g 调节：5挡	长度：70～88cm 凳面：22×22cm 凳面高度：44cm	支柱：不锈钢 手柄：橡胶 凳面：塑料	同时具备坐下休息和辅助行走两种功能；四腿椅子更加稳固；折叠较为方便	调节高度时需要四个腿都调节；体型稍大，重量相对较高，携带不方便，给用户带来一定负担
	拐杖伞	型号：LT-1003U 颜色：多色混合 重量：1kg	长度：88cm 直径：45mm	支柱：铝合金 手柄：橡胶	将伞和拐杖进行模块化结合，提升了老年用户的心理接受程度	伞的收纳较为不便，只能在特定情境下使用，适用情境不广泛；下雨时收伞，伞上的水会流到地上，容易让老人摔倒；按钮的位置容易让老人误触

表 3-14 竞品分析 b

图片	名称	基本信息	优点	缺点
	按摩拐杖	颜色：黑色、白色、红色	将按摩器和拐杖结合，一物多用，用户可以用拐杖对肩膀和背部进行按摩；配色和造型提取自丹顶鹤	按摩时，由于拐杖太长，使用较为费力，且需要足够的空间来完成按摩，不太方便
	AR-cane	颜色：黑色、银色	能够精确定位老人的位置，具备 AR 导航和语音指示功能，能够避免老人迷路，引导老人回家	手柄的棱角不符合人机工程，过于生硬，老人抓握不太舒适；屏幕较小，对于视力不好的老年人，视觉指导效果不好
	STAND 拐杖	颜色：白色、灰色	使用者通过按下手柄下方的两个按钮来进行立压缩，引导他们慢慢地将重心向前移动，以便于站立或蹲坐，底部大面积的接触也让手杖使用时更加稳固	重量相对较重，携带时不太方便；按钮位于手柄下方，使用时需要一定的抓握力才能按动按钮
	KEVDIA 拐杖	颜色：黑色、白色 材料：Kevlar-49 纤维，底部带铝	融合了不倒翁原理，将手杖设计为不倒翁手杖，避免了手杖倒下，老人弯腰去捡的情况	基于底部有铝配重，整体重量偏重，在使用时，由于杠杆原理，需要更大的力气才能拿动手杖，对老人使用过程不太友好
	助听拐杖	颜色：米黄色	老年人一般都会在听觉上有一些障碍，所以将助听器和手杖结合起来，方便听力不好的老年人听取声音	助听效果不明显，使用过程中有人经过，还容易受到伤害

如图 3-21 所示，间接竞品主要是市场上的一些轮椅、助行车等产品，还有运动人员使用的登山杖，以及智能的助行车或外骨骼产品。

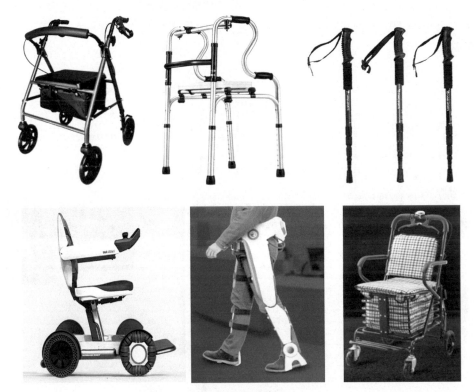

图 3-21　间接竞品

经调查发现，目前市场上的手杖类产品类型不少。在产品材料方面，从传统的木质手杖到铝合金和橡胶材质组合的手杖再到碳纤维复合材料手杖。在色彩方面，仍是以黑白灰三色为智能产品类主流趋势，其他有白色和绿色、白色与黄色、木质色等色彩搭配。在造型方面，逐渐向圆润型方向发展，增加倒角与弧面，让产品更加融合。

如图 3-22 所示，在功能方面有三个发展趋势：

第一是提高用户使用过程中的体验，在使用细节上提出解决方案，如可以通过手杖来辅助起身与坐下，不倒翁式手杖，避免了手杖跌落情况的发生，立起来的手杖也不需要老人去寻找存放手杖的特殊位置。

第二是多功能的手杖，以辅助行走为主要功能，以满足老年人其他常见需求为辅，将二者结合，达到一物两用或多用的效果。同时，通过弱化辅助行走的主要功能，来减少老年人在使用这类产品时的顾虑，减少使用时的心理压力。

第三是向智能方向发展，既通过现有功能来满足老人生理和心理上的需求，又通过智能技术与子女之间取得联系，增强子女与老人之间的沟通，体现关怀感。

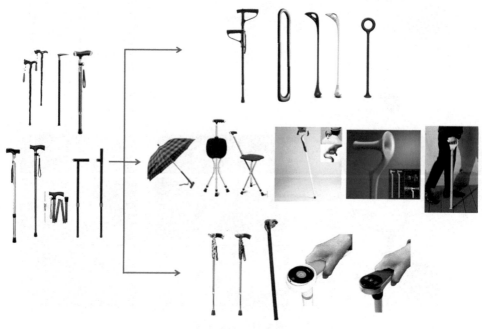

图 3-22　竞品汇总分类

3.2.2.2　产品矩阵分析

如图 3-23 所示，通过产品矩阵分析可得到，在蓝色区域的产品具有其他功能来削减辅助行走功能的主导地位，能够让用户的接受程度大大提高，但自身却没有智能化的功能来满足老人以及家属的需求。

在黄色区域的产品有着智能化的技术，能够为老人提供导航系统、娱乐系统等功能，也能够给家属提供检测老人身体状况的渠道，同时能够满足用户和子女的需求。

在绿色区域的产品，造型和功能都较为传统，单一的辅助行走功能，有些产品器械化的造型会对用户的心理造成一定的伤害。

在粉色区域里的产品，虽含有一定量的智能化，但人性化和适老化程度不足，一味地功能堆砌，容易在用户使用过程中产生障碍，导致老年人接受度不高。

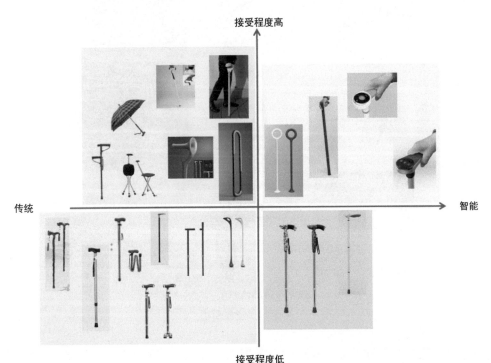

图 3-23　产品矩阵图

3.2.3　方案设计

3.2.3.1　产品定位

形象定位：安全、现代、温馨，行动不便的老年用户接受度高，减少使用过程中被歧视感。

色彩定位：白色、灰色提高产品科技感，一些关键部件使用较为醒目的配色。

CMF 定位：色彩以白色、灰色等中性色为主，以黄绿色等明亮色为辅；材料以铝合金、碳纤维为主，以凯夫拉纤维、橡胶、尼龙等材质为辅。在工艺上，碳纤维管材以挤压成型，橡胶通过模具挤压成型。

造型定位：圆润多倒角的造型会给用户提供更多的安全感和信任感。如图 3-24 是产品的意象看板。

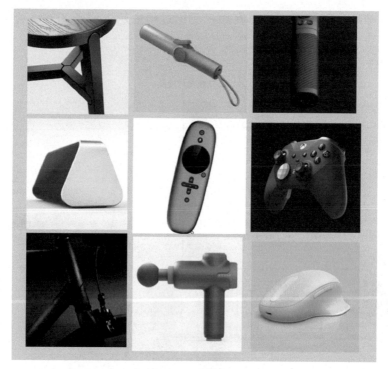

图 3-24　意象看板

经济定位：结构简单、易生产、易安装。

3.2.3.2　方案推敲和深化

从调研分析中发现行动不便的老年人多数希望手杖具备临时休息的功能，所以选择将"坐"的功能融入到手杖之中。在方案构思时（图 3-25），从马扎结构切入，融入到手杖之中。将手杖做了倒圆角处理，使整体更加圆润。从人机工程学角度考虑，首先要保持手杖的高度，达到 75～95cm；其次马扎中承载人坐的部分尺寸最少要达到 20cm×20cm，所以手杖的宽度要在 23～26cm。在保持高度和宽度的情况下，对手杖的造型进行了多种试样，选择了其中较为轻便和美观的第一行从左数第三个造型（图 3-26）。同时在中上部对手杖的结构进行了细致的造型切割（图 3-27）。

在底部造型上，为了保持手杖变为马扎时的稳定性，分别对手杖的底部进行了切割处理，增大成为马扎时的接触面积。如图 3-28 所示，为了实现具体功能，对内部的功能区域也做了划分，将电池等较重的部件集中在手杖上端，避免老年人在使用时出现杠杆原理导致手杖增重。为保持造型的简洁，马扎的座面也需要通过机械结构收纳到内部。这一部分的结构通过马达带动固定杆的转动，然后将尼龙带卷收到手杖内部。在打开马扎时，用户只需倾斜手杖，底部马扎支撑的另一端仍保持在竖直平面，这时只需施加向下的压力便可自动打开马扎，为老年人节省体力。

3.2.3.3　多功能智能手杖造型设计

在产品定位后，基于功能需求和用户使用，图 3-29 是不同使用状态时的场景展示图。图 3-30 和图 3-31 是方案的效果图以及功能展示，图 3-32 是产品三视图及尺寸。

图 3-25　方案推敲

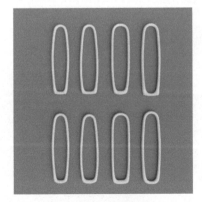

图 3-26　外观推敲

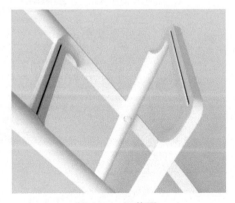

图 3-27　细节图 a

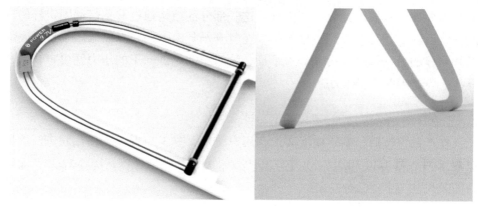

图 3-28　细节图 b

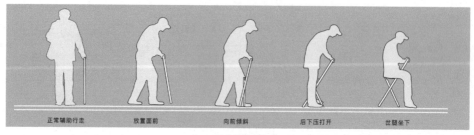

正常辅助行走　　放置面前　　向前倾斜　　后下压打开　　盆腿坐下

图 3-29　场景展示

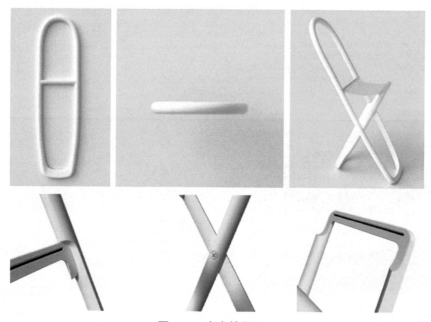

图 3-30　方案效果图 a

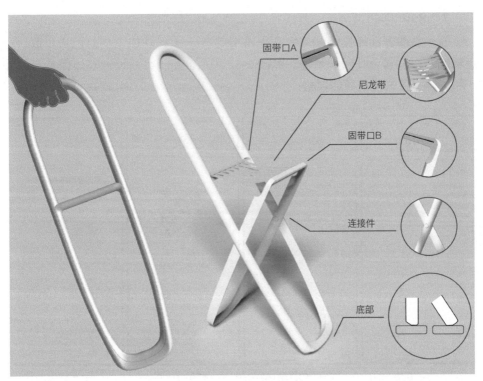

固带口A

尼龙带

固带口B

连接件

底部

图 3-31　方案效果图 b

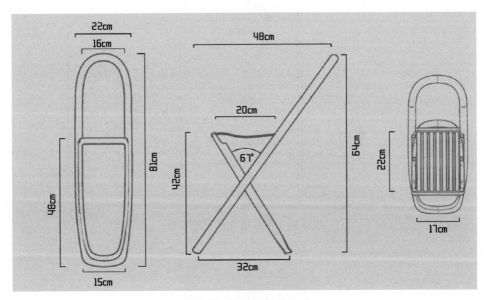

22cm
16cm
48cm
20cm
81cm
48cm
64cm
42cm
67°
22cm
32cm
17cm
15cm

图 3-32　产品各部件尺寸

3.2.3.4　手机端 App 设计

该产品的智能操作终端主要在手机端的 App 上，功能主要是记录步数、行走轨迹，以及紧急呼叫和预警。如图 3-33 所示，App 界面设计整体保持与硬件产品调性一致的现代简约风格。

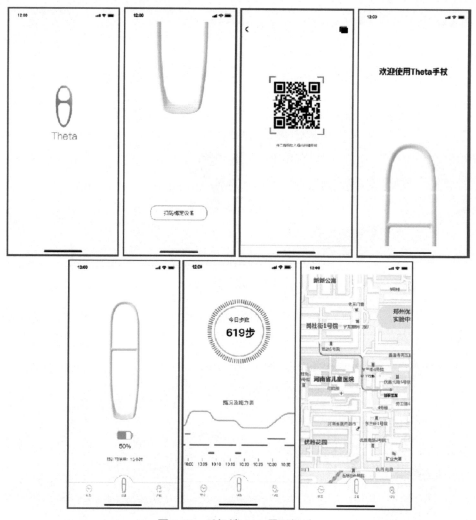

图 3-33　手机端 App 界面设计

第 **4** 章

医疗健康类智能
产品设计

生活水平的提高并不意味着我们身体就越健康，反而因为许多不良的生活习惯，如饮食搭配不合理、糖盐油的过量摄入、久坐不动、睡眠不足等造成了社会普遍存在的亚健康状态。随着 5G 技术逐渐普及和物联网技术不断发展，人们对日常生活中的医疗健康类智能产品的需求越来越广泛，尤其是普遍具有基础性慢性疾病的老年人群体。本章以居家老年人肌肉康复器设计、智能家庭健康理疗仪设计为例来介绍这类智能产品的设计方法。

4.1 居家老年人肌肉康复器设计

科学研究表明，我们全身的肌肉在 20 ～ 30 岁达到其功能和质量的巅峰，然后开始逐渐地发生质和量上的改变。到中年后，如不加强运动、补充营养，肌肉量会以每年 1% 的速度减少。据报道，60 岁以上的老年人约丢失肌肉 30%，80 岁以上约丢失 50%，而肌肉减少 30% 时，将影响到肌肉的正常功能。老年人的肌肉不会像年轻人那样快速地从训练中恢复过来，因为年龄增大会导致他们的线粒体体积变小，且数量也会有所下降。

居家老年人肌肉康复器是针对六十周岁以上肌肉量减少 30% ～ 50%、肌肉力量难以维持日常生活需求、有部分肌肉问题的老年人，通过产品辅助老年人被动运动用来保持全身肌肉的正常张力，帮助老年人改善心脏血管系统的功能，恢复全身肌肉量至 70% 以上，改善老年人的身体健康状态。同时，在安全规范的前提下适量规律性抗阻训练，有助于增加老年人肌肉和骨骼的强度，提高老年人自身新陈代谢，减缓腰酸背痛，预防骨质疏松，预防关节损伤，减少关节疼痛和功能障碍，甚至能预防和控制肥胖，提高运动能力，保持体型健美，增强自信。

4.1.1 用户调研

（1）调研对象和目的

调研对象：六十周岁以上有肌肉问题的老年人，以及老年人的子女。

调研目的：了解老年人对于肌肉康复的行为及需求，老年人肌肉恢复的各类数据，老年人心理层面对康复器的需求，老年人基本身体形态。

（2）调研方式

主要采用文献查阅、访谈和问卷调查，然后对数据进行分析、归纳和总结，得出老年人对于肌肉问题的痛点及需求。

（3）调研结果

通过调研了解老年人的身体及认知状况，以及对肌肉康复器的需求情况。如表 4-1 所示，根据访谈总结出具有代表性的三位老年人的访谈结果，总体呈现出老年人对于肌肉康复器的需求为：手部、臂部、腿部肌肉的康复训练；身体数据监测；监督训练；急停；安全保护措施；辅助上下装置。如表 4-2 所示，通过133 份对用户或用户子女的问卷调查，具体分析出用户对肌肉康复器的要求。

表 4-1　访谈记录总结表

姓名	年龄	文化程度	身体状况	认知状况	对康复器需求
田奶奶	76	初中	①慢性病（高血压）长期吃药 ②腰椎间盘突出 ③下肢肌力量严重不足，无力支撑长时间步行 ④心肺功能不足 ⑤洗澡需要人辅助	①可使用智能机，学习能力一般 ②对于康复类产品略有所闻 ③愿意接受康复类产品进行康复	①腰部按摩 ②腿部肌肉力量训练 ③辅助上下康复器 ④血压、心率监测 ⑤一键急停 ⑥监督训练
杨爷爷	81	小学	①身体状况良好，时常干农活 ②手部肌肉萎缩 ③行走些许缓慢 ④轻微脑梗	①从未使用过智能产品 ②从未使用过康复类产品 ③识字 ④记忆力一般	①手部肌肉，握力训练 ②腿部肌肉训练 ③操作简便 ④身体监测
刘爷爷	69	初中	①糖尿病 ②糖尿病并发症，脚部手术 ③走路坎坷，颠簸 ④腰椎间盘突出	①从未使用过智能产品及康复器械 ②识字 ③记忆力良好	①腿部肌肉训练 ②身体状态监测

表 4-2　问卷调查和分析

问卷题目	选项	人数	分析
家中老年人的身体状况	身体非常健康	38	绝大部分老年人处于一般的健康水平
	身体状况一般	41	
	慢性病需要长期服药但可以自理	25	
	身体状况十分不好，需要人照顾	3	
老年人运动情况	从不运动	5	一半以上的老年人进行锻炼的时间较少，更有极少数老年人不参加运动锻炼
您愿意为老年人购买康复产品吗	愿意	56	一半以上的子女愿意为老年人购买康复产品
	买了也不一定用，不浪费钱	51	

续表

问卷题目	选项	人数	分析
您认为哪种材质比较安全可靠（多）	合金	37	大多数人更倾向于舒适的尼龙材料及合金
	不锈钢	32	
	柔软的尼龙材料	66	
	一般塑料	12	
您喜欢哪种表面处理（多）	光亮的金属	33	喜欢细腻磨砂质感的人最多
	哑光的金属	33	
	钢琴烤漆工艺	33	
	烤瓷质感	36	
	细腻磨砂	53	
您倾向于哪种操作方式（多）	机械式	43	大多数人希望语音操控，还有一部分人保留着机械式操控
	半机械半电脑	31	
	电脑操控	21	
	语音操控	65	
您喜欢操作键的形式	按钮	42	按钮和触摸屏比较受欢迎
	旋钮	9	
	触摸屏	50	
	金属平板按键	6	
您在购买时看重康复治疗的哪些功能（多）	四肢肌肉力量康复	51	功能方面以按摩、舒缓、健康检测、肌肉及关节康复为主；急停必须有
	四肢关节康复	49	
	按摩	65	
	舒缓助眠	56	
	健康状态监测	55	
	紧急报警	29	
	急停装置	30	
您更看重肌肉康复器的哪些方面（多）	外观	26	大多数人看重康复器的舒适性、功能、操作简便及价格这些方面
	功能	69	
	舒适性	85	
	体积	24	
	价格	40	
	操作简便	69	

续表

问卷题目	选项	人数	分析
您认为肌肉康复器的外观应该	硬朗简单几何造型	18	倾向于柔和曲线造型的人较多
	结构明显的造型	24	
	柔和曲线造型	50	
	高大稳重造型	15	
您认为肌肉康复器的体积应该	小巧易收纳	72	将近八成的人认为康复器应该做得小巧易收纳
	稳重结实，体积无所谓	35	

（4）老年人康复痛点分析

没力气，上下器材困难。老年人腿部及臀部肌肉随着年龄的衰退而逐渐减少，当老年人肌肉量减少到 30% 以上时将会影响到其正常的生活。

心肺功能衰退，运动时间久会喘气。老年人的心肺功能会影响到老年人的肌肉康复训练强度及频率，需要根据老年人的身体状况制定属于老年人的康复计划。

手抖，握力不强。老年人手抖是十分常见的症状，手抖，手部肌肉控制力不够，精神状态紧绷或者手部肌肉萎缩，需要进行康复训练。

忘性大，忘记训练。随着老年人年龄的增长，出现记忆力减退，属于正常的生理现象，也属于大脑衰老的一个表现。

操作困难，新事物难接受。随着年龄的增长，身体机能的下降，老年人的认知以及操作等能力逐渐衰退，这些软件功能以及操作过于复杂，使得老年人望而却步。

慢性病导致老人无法正常行走。很多老年人因为患有糖尿病、高血压、血脂异常等基础病和慢性病，吃得过于清淡，长期营养不足影响到了肌肉代谢。

4.1.2　竞品调研

4.1.2.1　竞品分析和总结

（1）竞品分析表

通过对市场上现有的康复类产品的分析，可以清晰认知到市场现有康复类产品的优点及缺点，为自己的设计奠定基础，找寻标杆产品（表 4-3）。

（2）现有产品外观及功能总结

现有产品（外观）：主要以硬朗的线条为主，大多数产品比较小巧，易用易收纳。材料多以合金、钢材、PU 皮类、ABS 塑料、高弹海绵、橡胶等为主。外观工艺主要是喷漆或者钢琴烤漆工艺。

表 4-3　竞品分析

产品	名称	规格	特点	功能	CMF	优缺点
	KBS康博士康复器械	尺寸：119cm×115cm×117cm 重量：48kg	座面高度为64cm，助力手柄可调距离为20cm，升降支架可调距离为47cm，小腿支架摆动角度不小于120°，哑铃支架每块质量为1.5kg共六块，靠背角度可以调节90°或180°±5°	关节运动受限患者进行股四头肌抗阻力主动训练和被动训练，也可进行膝关节牵引	结构采用钢材，座椅为高弹海绵，pu皮包裹，米白色与蓝色结合	优点：简单易操作，无多余复杂步骤。缺点：需要在康复师的指导下进行，形式单一，外观造型古板
	正伦卧式健身车	尺寸：146cm×64cm×122cm 重量：42kg	八段手动阻力调节，1～3调节新陈代谢，促进营养吸收，净化血管，3～5增强心肺功能，增强脏器功能，5～8减脂塑身改善体型，坐垫可前后左右调节	促进新陈代谢，增强心肺功能，锻炼腿部肌肉和关节	黑白调色彩，细腻、平滑的高亮钢琴漆工艺，环保材料	优点：有阻力可锻炼肌肉力量，八段阻力更加细分。缺点：只能锻炼下肢力量
	行如风	(110cm～140cm)×61cm×98cm/210cm 重量：31～38kg	健侧主动，患侧被动，无级调动，金属锁舌固定，前后绑带，魔术贴扣高拉轮可调节，可双人锻炼	手臂和腿部肌肉复健	钢材结构，3C汽车安全带，黑色灰配色	优点：上下肢力量都可锻炼，并且可以用来治疗颈椎。缺点：高度大高，体积较大
	正伦卧式健身车	168mm×710mm×1450mm 重量：53kg	前后扶手，座椅前后调节，心率测试	腿部肌肉锻炼及复健	钢材结构，宽厚柔软新型坐垫，黑灰配色	优点：心率测试可随时监测使用者的心率。缺点：只可锻炼下肢力量
	玖健 JJKF03	44cm×45cm×65cm 重量：11kg	200W功率低速转速大扭矩，无线遥控，主被一体，正反可转，不同方向可调，1～12挡阻力可调，倾斜角度四挡可调	腿部和臀部肌肉，以及关节康复和锻炼	ABS工程塑料，制防滑底轴，氮化钢轮轴，表面钢印花面凹凸面防滑设计，绿黑配色	优点：小巧方便，上下肢均可运动。缺点：只可锻炼较为单一功能
	久格运动	23.3cm×36cm×48cm 重量：8kg	加宽脚踏板，一键折叠，阻力调节可手脚两用，自由控制，防滑橡胶垫	四肢练习	防滑橡胶垫和优质钢材，银色和黑色搭配	优点：体型小巧，阻力调节，自由控制。缺点：没有牵引，不可进行被动训练
	电动康复机	5～20kg	黄金三角承重结构，12速度可调，多种模式可调，正反转模式，高集成智能控制系统	锻炼手臂肌肉拉伸，减少痉挛发生，疏通人体的经络，锻炼下肢力量	ABS塑料，加厚碳钢，防滑管塞，蓝白配色	优点：正反模式可以选择。缺点：只可进行下肢力量的训练

现有产品（功能）：阻力训练，牵引训练，多挡阻力及牵引力调节。靠背、座椅、角度高低调节。无线遥控、主被一体、智能防痉挛、正反可转，不同方向训练、1 ～ 12 挡阻力可调、倾斜角度多挡可调。腿部、臂部、腰部、臂部等训练。

（3）现有产品问题分析

训练项目单一。训练下肢、训练上肢、训练手部握力等功能不能合一，以至于有多重需要的人需要购买多个产品。

无法带动老年人训练欲。现有的康复产品比较刻板，功能单一，没有办法使老年人训练过程更加有趣。

不够智能。不能自动检测老年人健康状况，无法为老年人提供合适的训练方案，以至于使用者盲目训练，也不知自身肌肉状态是否达标。

无数据反馈。现有的康复产品只有部分简单的操作数据，引导人们使用产品，但是没有老年人包括身体、运动、健康状态的一个反馈，从而使老年人的康复训练变得比较盲目。

4.1.2.2　产品技术分析

（1）产品工作原理

振动：通过调整产品振动的频率和振幅实现不同的康复训练目的。

抗阻力训练：抗阻运动是一种肌肉克服外来阻力的主动运动，坚持抗阻运动能恢复和发展肌肉力量。

电刺激：应用低频脉冲电流作用于神经或肌肉，引起肌肉收缩以促进神经肌肉功能恢复的治疗方法。

被动训练：治疗师和辅助者以被动的方式来活动患者的身体。

助动训练：在患者自身主动协助的情况下，帮助患者活动肢体，这种训练方式具备主动、被动运动的双重优势，患者自己配合完成训练，肌肉得到了刺激，而帮助其训练，确保了患者能使用所有的活动范围，从而防止肌肉萎缩的产生。

平衡训练：平衡功能训练是指人体在运动或受到外力作用时，能自动调整并维持姿势的一种训练。在老年人肌肉衰减的康复过程中，平衡功能训练至关重要。

（2）产品技术

产品使用的技术主要是红外线检测技术、互联网时代 5G 技术、人工智能及大数据收集等。

4.1.2.3　SWOT 分析

（1）优势分析

现如今是老龄化社会，老年产品的需求与日俱增，市场上对于居家的老年人康复器占比较少，设计空间较大。我国的各项政策也支持老年产品的发展。

（2）劣势分析

老年人对于偏智能化的产品接受较为缓慢。因此，对于老年人肌肉康复器与智能化的联系，并且做到老年人易于接受和学习的程度较为困难。需要做很多关于老年人心理与智能化的研究才可以更好地进行设计。

（3）机会分析

老年人的肌肉康复类产品，不仅现在的覆盖面较广，用户占比较高，市场规模大，并且市场销量紧缺，规模及市场需求非常大。设计师需要从用户需求出发，解决用户痛点问题，不断提升产品本身和老年人的交互服务。

（4）威胁分析

针对专门的肌肉康复器，其主要竞争在于市场上现有的健身类产品、医用康复类产品以及家用康复类产品。竞争较为激烈，很难从众多的产品之中脱颖而出。

4.1.3　方案设计

4.1.3.1　居家老年人肌肉康复器设计概念确定

（1）设计对象概念

设计对象主要是六十岁以上肌肉减少影响到正常生活的老年人。

（2）设计需求概念

针对老年人肌肉减少导致其无法正常生活的肌肉康复器需求的重要度表见表 4-4。

表 4-4　用户需求表

分类			需求	需求重要度
外观	构成	座椅	护腰座椅、座椅可调节（高度、前后、角度）	5
		中控屏	半机械半电脑、语音操控	4
			触摸屏、按钮	
		靠背	背部按摩、贴合人体背部曲线	3
		按摩		

续表

分类			需求	需求重要度
外观	构成	上肢肌肉	抗阻训练、牵引训练	5
		下肢肌肉	抗阻训练、牵引训练	
	颜色		低调、黑灰白	3
	造型		柔和曲线的造型	3
	工艺		细腻磨砂、烤瓷质感、哑光的金属	4
	材料	座椅	尼龙材料	4
		把手	尼龙材料	
		主架	合金	5
功能	调节	阻力	多挡阻力调节	5
		助动	牵引	5
		座椅	前后、高低、椅背	4
	按摩	上肢	舒适	3
		背部	舒适	3
		下肢	舒适	4
	舒缓助眠		运动强度改变	3
	音乐		节奏、放松、舒缓	3
	体能检测		识别清晰、准确	4
	数据测试	肌肉强度	根据检测出的肌肉强度制定康复计划	5
		心脏功能	根据心脏功能变化及时调整运动强度	
		肌肉含量	检测是否达到正常的肌肉水平	
	健康监测	心率	心率监测记录	4
		血压	血压高低	3
		呼吸	呼吸频率	3
	安全	急停	一键急停	5
		防摔	重心、材质、保护措施	5

4.1.3.2　产品定位

（1）功能定位

居家老年人肌肉康复器，其主要功能是辅助老年人进行肌肉的康复训练。其功能定位主要有以下几点：

数据反馈：老年人在训练过程中以及训练结束后，都需要一个身体上的数据反馈来支持下一次的训练，以便及时调整训练强度，检测肌肉达标数据。

训练方案制定：为老年人提供合适的训练方案，避免使用者盲目训练，使其可以高效训练。

按摩功能：老年人每次进行康复训练之后，肌肉可能会产生酸痛，为了使老年人身体恢复，缓解自身体内因为乳酸堆积而带来的疼痛，有必要在老年人训练之后进行按摩，缓解训练带来的不适。

操作简单方便：随着年龄的不断增长和老年人身体各部分机能的下降，老年人的认知及操作等能力逐渐衰退，这些软件的功能及操作过于复杂，使得老年人望而却步。所以需要简化操作使老年人更容易接受和学习。

（2）外观定位

根据前面的消费者问卷来看，消费者更倾向于的外观造型为：细腻磨砂的外表和烤瓷质感、触摸屏、柔和的曲线造型。

4.1.3.3 肌肉康复器造型设计

据用户需求分析表对方案进行推敲和细化，确定产品的造型和功能组合，包括手部、腿部、臂部的肌肉康复，以及显示屏和座椅，如图4-1所示。图4-2是产品三视图及产品尺寸图，图4-3展示了产品各功能部件，图4-4是产品在居家环境的场景图。

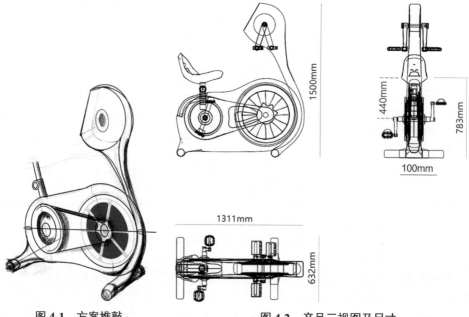

图 4-1　方案推敲　　　　　　图 4-2　产品三视图及尺寸

中控屏幕

阻力器

臂部肌肉康复区域

手部握力器

座椅

座椅调节器

阻力器

腿部肌肉康复区域

橡胶底座

图 4-3　方案效果图

图 4-4　场景展示

4.1.3.4　产品信息界面设计

该产品的信息交互部分比较简单，主要在肌肉康复器的显示屏上使用，界面设计如图 4-5 所示。

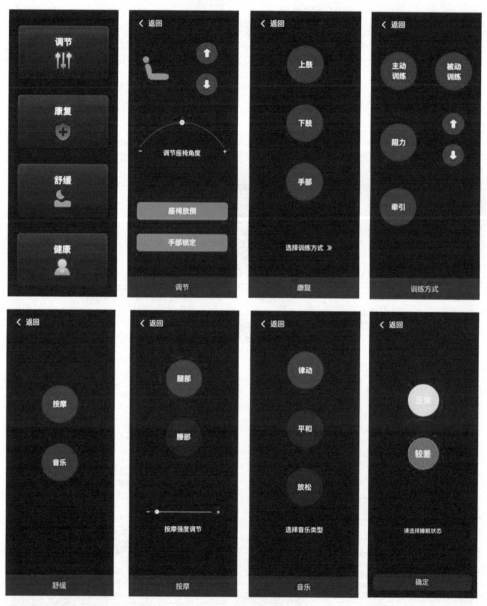

图 4-5　显示屏界面设计

4.2 智能家庭健康理疗仪设计

伴随着人们生活水平的提高，自身健康认知逐渐成为大家关注的热点。主动了解身体健康问题，积极参与管控日常身体健康，规避健康风险，投入时间、精力和金钱来保持身体健康，逐渐成为今天人们的日常生活方式。同时，随着人们日常医疗康复意识的逐渐增强，国家对家用医疗健康理疗产品的研发和设计颁布了诸多扶持政策，促使国内家用医疗健康行业整体步入快速发展阶段。随着中国人口老龄化问题加剧，适用于老年人的家庭智能化医疗设备和一站式医疗卫生保健服务会在未来的市场中成为发展的主流方向。

4.2.1 产品相关调研

4.2.1.1 现有产品调研

（1）智能家庭健康理疗仪现状

我国目前还没有形成完善的家用医疗级产品市场体系，家用健康级产品也不大规范，其主要体现在两个方面。一方面，产品的结构单一，同质化现象严重，自我研发创新能力不足。当前我国家用医疗级产品正处于起步阶段，独自创新研发能力较弱，影响了产品种类和性能的发展。同类产品质量参差不齐的现象非常严重，不仅影响了用户的正常使用，同时也影响了家庭医疗健康产品的发展。以家用健康物理治疗仪为例，品牌种类十分丰富，但企业之间同质化竞争导致产品逐渐趋同。产品的单一价格不断下降，价格差距较大。而且，不同品牌和企业的技术要求，各类参数都不相同，没有统一的标准，导致了市场的混乱。另一方面，企业宣传时夸大产品的使用效果，在一些治疗仪产品的宣传中，甚至带有治疗百病的功效。这类产品的宣传方式误导了用户，对产品功能的错误理解，很有可能导致用户错过治疗最佳时期，对社会造成不良影响。智能家庭健康理疗仪无论是符合医疗级产品的标准，还是满足健康级产品的标准，其检测准确性和康复效果是需要具备一定要求的，同时还需具有小巧便捷、操作简便、能够被广大用户接受、学习的特点。

（2）竞品分析和总结

对市场的直接竞品和间接竞品进行调研。直接竞品有糖尿病治疗仪、高血压治疗仪、高血糖理疗仪、物理降压仪、红外线理疗仪、激光治疗仪等家庭健康理疗康复仪器。间接竞品有血压监测仪、血糖检测仪、血脂检测仪、老人手环、心电图手环、医疗 App 等医疗康复相关产品。直接竞品如表 4-5 所示，间接竞品如表 4-6 所示。

表 4-5 直接竞品分析

名称	图片	颜色	主要材质	尺寸	目标用户	使用方式	主要功能	设计特点	缺点
华络医用糖尿病治疗仪		黑白配色	塑料	长:160mm 宽:107mm 高:58mm	糖尿病患者，白内障患者，"三高"人群，肝脏疾病患者	将贴片连接仪器，贴至所需治疗的穴位处即可	通过低频电流刺激人体肝脏代谢，从而达到降低"三高"指数	外观简洁大方，操作简单，屏幕大	探头种类多，收纳不便，操作面板不够直观
百家益表式半导体激光治疗仪		深蓝和银白	金属皮革	长:38mm 宽:28mm 高:8mm	糖尿病患者，"三高"人群	与手机App连接，佩戴至手上即可，自动治疗射激光治疗	通过低强度激光照射手腕动脉，增加血红细胞的活力，从而达到降低血压、血脂目的，通过增加代谢降低血糖	操作简单，外观人性化设计，便携性强，摆脱传统医疗器械造型	虽然可以与手机App连接，但不能量化治疗数据，12根软管颜色与治疗程度不可控
嘉林达家用物理降压仪		绿色和银白	塑料	长:220mm 宽:170mm 高:86mm	糖尿病患者，"三高"人群及并发症患者	将十二条软管固定至人体十二个穴位，打开仪器即可使用	通过输出一种脉冲气流，作用于人体12个穴位，能起到促进血液循环，增强代谢的作用	外观简单大方，结实耐用	操作方式过于频项，12根软管收纳不方便，配色与同类产品相比过于暗淡
蓝讯时代红外线理疗仪		黑色和银色	金属塑料	长:180mm 宽:150mm 高:70mm	糖尿病患者和软组织损伤患者	将红外线发射器贴在病处处即可	通过红外线刺激病灶达到治疗的目的	外观简洁，操作简单	无

续表

名称	图片	颜色	主要材质	尺寸	目标用户	使用方式	主要功能	设计特点	缺点
新屋熊高电位治疗仪		白色	塑料	长：236mm 宽：186mm 高：523mm	"三高"人群和神经衰弱人群	无	电流脉冲刺激神经和血液循环	语音播报、远程遥控、大屏幕和大字体	体积较大、操作界面复杂、老人单独使用较困难
瑞喜堂电负电位理疗仪		白色	塑料	长：250mm 宽：280mm 高：550mm	"三高"人群和神经衰弱人群	无	电流脉冲刺激神经和血液循环	白色为主、浅蓝色点缀、增加了产品的活力	体积较大、操作界面复杂、老人单独使用较困难
百家益表式半导体激光治疗		咖色和银色	金属皮革	长：38mm 宽：28mm 高：8mm	糖尿病患者、"三高"人群以及并发症患者	与手机App连接、佩戴至手上即可、自动发射激光治疗	通过低强度激光照射手腕动脉、加强血红细胞的活力、从而达到降低血压和血脂的目的、通过增加代谢降低血糖	操作简单、外观人性化设计、便携性强、摆脱传统医疗器械造型	虽然可以与手机App连接、但不能量化治疗数据、治疗过程度不可控
华络糖尿病治疗仪		白色	塑料	长：146mm 宽：112mm 高：63mm	糖尿病患者	将治疗贴片贴至腹部、打开开关即可	通过低频电流刺激相关器官、恢复和提高糖吸收能力	外观简洁、操作简单	无

表 4-6 间接竞品分析

名称	图片	颜色	主要材质	尺寸	目标用户	使用方式	主要功能	设计特点	缺点
欧姆龙健太郎台式血压计		白色和灰色	塑料皮革	长：460mm 宽：370mm 高：270mm	所有人	打开开关 将手伸进臂桶	检测血压	操作简单、语音提示、方便打印数据、屏幕大显示清晰	体积太大
Kang Watch 血压手表		咖啡、黑	金属、皮革	长：36mm 宽：34mm 高：18mm	所有人	戴在手腕上即可测试	检测血压	体积小、收纳方便、采用手表造型、避免医疗器械刻板印象	摘取不方便
安瑞普三高半导体激光治疗仪		白色	塑料	长：120mm 宽：66mm 高：30mm	所有人	将手指放在开口处取血后将血液滴在试纸上	检测体内血糖	语音操控、触控操作、自动化操作、激光取血安全卫生、对儿童可加密防误操作	卫生问题难以保证
雅培瞬感血糖仪		黑色	塑料	长：95mm 宽：60mm 高：16mm	所有人	将传感器固定在身上，随时检测随时扫描，快速测试	检测体内血糖	操作简单、免出血检测、测数据完善、检测速度快、触摸屏外观简单	传感器固定在身上有些不便

续表

名称	图片	颜色	主要材质	尺寸	目标用户	使用方式	主要功能	设计特点	缺点
三诺手持式血脂检测仪		白色搭配红色和灰色	塑料	长：140mm 宽：76mm 高：25mm	所有人	用试管取少量血液，滴在仪器上特定位置即可	检测体内血脂	外观简洁大方，采用彩色试纸，细节处理比较好	屏幕较小
艾科血脂检测仪		蓝色和白色搭配	塑料	长：132mm 宽：68mm 高：32mm	所有人	用试管取少量血液，滴在仪器上特定位置即可	检测体内血脂	操作便捷，储存大，有风险评估系统	外观传统
爱牵挂小鲸老人定位手环		黑色	塑料	长：64mm 宽：32mm 高：15mm	所有人	戴在手上即可	测血压，测心率，测睡眠和运动	腕带设计方便小巧，多功能使用极简设计	无显示屏，只能在手机上显示
特兰恩心电图手环		黑色和银色搭配	塑料金属	长：78mm 宽：26mm 高：18mm	所有人	戴在手上即可	测血压，测心率，测睡眠和心电图	腕带设计方便携带，机身小巧，可智能处理数据	屏幕小，读取数据困难

对市场上现有产品进行分析，得出家用健康理疗仪的色彩与造型的发展趋势，如表 4-7 所示，智能家庭健康理疗仪整体线条都十分硬朗，主体造型生硬呆板，不够灵活；色彩搭配显得普通与不合理。

表 4-7　产品色彩、形态分析

家庭理疗仪图片						
造型说明	整体造型由方体和柱体等基本形体构成，简约又不过分单调，主体部分的倒角恰到好处，硬朗与圆润的感觉搭配协调	造型上采用不同半径的圆角进行组合，产品显得灵动活泼	造型为方体切割而成，略显单调，没有新意	造型圆润而又不失沉稳，曲面与直线搭配协调	造型的基本体为方体，用四个大弧度圆角以及两条圆角边进行修饰，整个产品看起来比较圆润	造型由大弧度的曲面和直角切边构成，中间过渡比较生硬，会给用户一种疏远的感觉
色彩说明	以白色和冷灰色相结合，突出产品的协调与沉稳，用小块高亮色彩进行点缀，又打破了产品的沉闷，使产品多了一丝灵动	主体色彩为黑色，突出了屏幕的亮度，使得屏幕在整个产品中尤为突出，为了避免黑色过重，又在边缘处添加一圈白色，给黑色增添了界限，呼应了高亮的屏幕	主体色彩为暖灰色，在产品的上部和下部用红色进行点缀，总体来看产品的色调过于沉闷	产品的主体色彩为白色，前后两部分为黑色，为了避免黑色与白色对比过于强烈，又用蓝色与红色的色彩对比进行平衡，使得整体色彩更协调	主体色彩为白色，白色为医疗产品的常用颜色，但是作为一款家庭医疗器械只用白色就过于单调和乏味	产品由白色与亮度较高的蓝色组成，生硬搭配使得产品看起来没有人情味，不太适合家庭环境使用

4.2.1.2　智能家庭健康理疗仪相关技术

家庭智能健康理疗产品主要适用于室内环境，卧室与客厅都可以，根据使用方式要求，将产品放置于高约 0.6 ～ 0.8m 的桌子或者平台上使用更佳。其主要技术有以下四方面。

（1）基于大数据的智能推荐

Apache Spark 作为大数据时代一个使用广泛的计算引擎，在互联网的诸多方面都有应用，它最主要最突出的作用是能够对大规模的数据进行集中式分析处理,运行速度快,计算能力强,适用范围广。

特点:

Spark 可以轻松胜任目前的各种大数据处理,计算能力突出。

Spark 计算能力强,一些较为复杂的算法也可以支持,并且支持交互式计算。

Spark 作为一个通用的计算引擎,不仅可以完成基本的数据分析处理功能,还包括运算、文本处理等。可以同时兼具以往各种各样的计算引擎的功能,可以节省成本和时间。

(2)红外激光治疗相关技术

激光血液照射的治疗机制是血液中的血细胞吸收激光中的量子,在等离子体中,是电子运动到高能态,使相应的分子运动到激发态,然后发生一系列光化学反应。

低频激光具有在不损伤活体组织的情况下恢复病变正常的作用,在治疗人体方面也很有效。激光照射穴位、反射区,扩大局部血管,加速血液和改善血液循环。

血液照射的激光治疗波长的选择:650nm 的低强度激光,处于血红蛋白吸收光谱,可被血红蛋白强烈吸收。这种血液激光照射的强度可能会剥落红细胞的外脂肪层,达到红细胞恢复正常工作、降低血液黏度的目标。与此同时,由于红细胞释放脂肪层,细胞膜渗透性增强,激光对血液的照射强度可显著提高血液中的氧容量。

(3)血压测量功能相关技术

气体压力传感器:用于电子血压计的气体压力传感器共有两种,分别是电容型气体压力传感器和电阻型气体压力传感器。静电电容型气体压力传感器是目前市场上电子血压计普遍使用的压力传感器,其优点是线性质量好,易于温度补偿,缺点是无法使用标准品。电阻型气体压力传感器的优点是可以使用标准品,缺点之一是不容易对温度进行补偿。

加压微型气泵:目前市场上的电子血压计所使用的微型气泵也分为两种,分别是普通微型气泵和微型伺服气泵。普通微型气泵的特点是加压快,但出气的气流脉动比较大。微型伺服气泵的特点是加压平稳、出气气流脉动非常小,可以用于伺服控制。

(4)血糖监测技术原理

基于是否使用葡萄糖氧化酶,电化学法血糖仪的传感器分为有酶葡萄糖传感器和无酶葡萄糖传感器,本设计主要采用的是无酶传感器。

无酶葡萄糖传感器的制作和反应过程中没有酶的加入。在工作电极的导电面修饰一些金属或金属氧化物。血糖浓度越高，反应产生的葡萄糖酸内酯越多，转移的电子越多，电流越大。经常采用 ITO 玻璃或者金属铂作为电极材料。

4.2.2　用户调研

4.2.2.1　调研用户界定

数据显示，使用家庭健康理疗仪相关产品的用户的年龄主要分布在 60 岁之上，老年人居多，这一群体为家庭健康理疗仪的第一用户。通过调研发现，他们的主要需求是：

①产品的检测数据要精确，数据要有历史记录，方便传输；

②产品的治疗效果要好，治疗效率要高；

③产品的操作方式简单，学习难度低。

第二用户为第一用户的家人、医生等相关人群，主要需求为外观造型美观。实地调研主要针对第一用户。

4.2.2.2　用户前期分析

（1）高血压

高血压是指以体循环动脉血压增高为主要特征，可伴有心、脑、肾等器官的功能或器质性损害的临床综合征。高血压是最常见的慢性病，也是心脑血管病最主要的危险因素。通过调查研究，得出人体内血压相关数据情况，如表 4-8 所示。

表 4-8　血压数据表

类别	收缩压 /mmHg	舒张压 /mmHg
正常血压	< 120	< 80
正常高值	120 ～ 139	80 ～ 89
高血压	≥ 140	≥ 90
Ⅰ 级高血压（轻度）	140 ～ 159	90 ～ 99
Ⅱ 级高血压（中度）	160 ～ 179	100 ～ 109
Ⅲ 级高血压（重度）	≥ 180	≥ 110
单纯收缩期高血压	≥ 140	< 90

（2）高血糖

当血糖值高于正常范围即为高血糖。体内两大调节系统发生紊乱，就会出现血糖水平的升高。血糖升高，尿糖增多，可引发渗透性利尿，从而引发多尿的症状；血糖升高、大量水分丢失，血渗透压也会相应升高，高血渗透压会引起口渴的症状；由于胰岛素的缺乏，导致体内葡萄糖不能被利用，蛋白质和脂肪消耗增多，从而引起乏力、体重减轻；为了补偿损失的糖分，维持机体正常活动，就需要多进食；这就形成了高血糖患者典型的"三多一少"的症状。高血糖包括糖尿病前期和糖尿病。糖尿病前期是指空腹血糖在 6.1～7.0mmol/L和（或）餐后两小时血糖在 7.8～11.1mmol/L。糖尿病是指空腹血糖等于或高于7.0mmol/L，或餐后两小时血糖等于或高于 11.1mmol/L。

（3）高血脂

高血脂又称为血脂异常，通常指血浆中的甘油三酯和（或）总胆固醇的指数升高，也包括低密度脂蛋白胆固醇的指数升高和高密度脂蛋白胆固醇的指数降低。高血脂的症状主要是脂质在真皮内沉积所引起的黄色瘤和脂质在血管内皮沉积所引起的动脉硬化。血浆总胆固醇浓度＞5.17mmol/L（200mg/dL）可定为高胆固醇血症，血浆三酰甘油浓度＞2.3mmol/L（200mg/dL）为高三酰甘油血症。

4.2.2.3　用户观察和访谈

AEIOU 是一种基于观察的方法，通过对活动、环境、互动、物体、用户的观察和分析来发现问题，如图 4-6 所示。

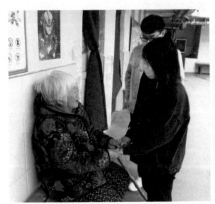

图 4-6　用户观察图

活动（Activities）：老人每天测量血压和血糖，需要血压计和血糖仪。测量完后记录数据，然后去医院咨询医生，老年人行动不便，从家里到医院并在医院上下楼很不容易。回来后按照医生的嘱咐吃药并使用仪器治疗。家里各种各样的仪器，老人总是记错功能。

环境（Environment）：产品的使用环境主要是家庭、医院、户外、运动。

互动（Interaction）：老人与仪器之间交互，老人可以得知治疗前的数据和治疗后的数据，并能够将数据反馈给医生，方便医生及时获得老人的身体数据并修改治疗方式。儿女可以通过手机方便了解老人的身体情况，减少不必要的担心，对危机情况及时做出反应。

物体（Object）：老年人使用理疗仪涉及的产品，有血压计、血糖仪、治疗仪、药盒、扫描仪、手环、血脂检测仪、磁疗仪、桌子、椅子、板凳等。

用户（User）：理疗仪的主要用户有老人、儿女、医生等。

采用访谈的方法，向家庭健康理疗仪的用户了解他们对产品的使用状况，以及对现有家庭健康理疗仪的看法，和对未来家庭健康理疗仪的期待。通过用户访谈和观察，发现以下几点问题：

① 老年人需要操作简单便捷的仪器，操作界面不要太复杂，显示更加直观，按键要少，要突出主要功能。

② 在用治疗仪康复的同时，应该带有检测功能，在每次治疗结束后，应该可以看到血压、血糖等相关数据，减少老人的担心。

③ 家里总是有各种各样的治疗仪，增加了老年人的心理负担，也增加了老年人的学习难度。

④ 各种治疗仪都有自己的 App，就算是同一品牌的治疗仪和检测仪都有两个不同的 App，使用起来非常不方便，管理起来也非常费劲，不仅是老年人，就算是年轻人也很头疼。

⑤ 治疗和检测的数据不能及时与医院和医生进行沟通，老人有什么突发的情况不能及时反馈给医生；老人腿脚不利落，没有家人陪护去医院不方便。

4.2.2.4 创建用户角色模型
通过前期用户研究，创建用户角色模型，如表 4-9 所示。

4.2.2.5 需求重要度分析
通过观察结果和访谈结果中需求出现的频率以及用户的强调程度，将汇总的需求进行重要度分级。如表 4-10 所示，通过用户研究发现，用户对家庭智能健康理疗仪主要关注的需求是治疗功能、价格合理、学习难度低、智能提醒、带有大屏幕、可以查看历史记录、智能操控等方面，此外还要考虑安全、数据的精准、使用便捷、语音控制以及简约大方、具有人情味的外观等方面的需求。

表 4-9　用户角色模型

基本信息	特征描写
　姓名：王爷爷 年龄：76　与老伴生活在一起，有两个孩子，一个在外地工作，一个在本市工作。老人患有严重的糖尿病，并发症使其不能走路，有严重的高血压	孩子非常关心父亲的健康，经常打电话询问，由于父亲年迈，无法清楚表达自己的情况，儿子非常担心
	儿子买了一台糖尿病治疗仪，每天配合药物进行治疗，效果显著，但是仪器使用起来不方便，家里仪器一大堆，用的时候很麻烦
每天早上起来都要先进行血压和血糖的测量，要严格控制饮食，要食用大量的降压药和降糖药来控制血糖和血压，饭前要进行胰岛素的注射，饭后要进行血糖的测量	由于年龄大了，家里各种治疗仪、检测仪器用起来非常麻烦，总是记错仪器的使用功能

表 4-10　用户需求重要度

序号	需求		重要度
	一级需求	二级需求	
1	功能	治疗功能	5
2		测血压	4
3		测血糖	4
4		历史记录	5
5		App 控制	4
6		数据上传	3
7		语音控制	4
8		智能提醒	5
9		自动化	3
10		大屏幕	5

续表

序号	需求		重要度
	一级需求	二级需求	
11	造型颜色	简约	4
12		柔和	3
13		人情味	4
14		时尚	2
15	价格	价格合理	5
16	使用方式	人工操控	4
17		智能操控	5
18	收纳	收纳方便	3
19		操作简单	4
20	心理	学习难度低	5
21		安全	4
22		精准	4
23		安心	3

4.2.2.6 设计切入点

智能家庭健康理疗仪未来的发展趋势更加倾向于一体化和智能化，采用更加先进的技术，保证治疗更加高效，检测更加精准。仪器体型不宜过大，操作不宜太复杂，要保证适用于室内环境，要保证适用于各个年龄段的人，特别是老年人。智能家庭健康理疗仪的设计不仅要考虑产品的功能，更要关注产品的外观造型、色彩等因素。

（1）功能切入

通过一系列的竞品分析和用户研究，智能家庭健康理疗仪的功能切入点有以下四点：

①采用新技术，功能更完善，保证治疗更加方便，更加高效，更加精准。

②更加简单易学的操作，方便用户的日常使用。

③更加智能化。与人工智能、大数据结合，自动对检测治疗数据进行识别判断，并调整治疗疗程和治疗强度；根据检测治疗情况，推送合适的食物以及运动，并联系医护人员进行相关药物推荐；设置日程，提醒服药、治疗、运动等日常活动。

④ 一体多用。将检测和治疗合为一体，避免了仪器过多增加用户的学习难度，避免了仪器品牌过多数据不互通的麻烦。

（2）色彩、形态趋势分析

通过研究发现用户喜欢较为灵巧的线条，色彩上具有人情味、不冷漠，颜色比较鲜明，造型与色彩现代感的搭配更受欢迎。

4.2.3 方案设计

4.2.3.1 产品定位

（1）调性定位

稳定：将产品整体造型的重心降低，并采用较为硬朗的形态，使得造型呈现出稳重、安定的感觉，作为一款医疗健康产品，稳定的形态会带给用户心安的使用体验。

科技：使用科技感强的颜色以及元素进行点缀，使产品科技感十足。充满科技感的产品会带给用户更加精准的使用体验。

简约：去掉烦琐的装饰，使产品更加简约。简约的产品更容易融入家居环境，放置在家中不会显得突兀。

人情味：通过在造型上增加曲面元素，以及在配色上增加鲜亮、温和的色彩增加产品的人情味，减轻用户对医疗产品的心理负担。

（2）功能定位

检测功能：本产品应该具有检测功能，检测用户的血压、血脂、血糖指数。

治疗功能：本产品应该具有治疗功能，通过低频红外激光辐射，在穴位处对用户的血液进行理疗，调节体内血压、血糖、血脂的指数。

打印功能：本产品应该需要打印功能，方便用户记录检测理疗数据。

智能化：自动对检测治疗数据进行识别判断，并调整治疗疗程和治疗强度；根据检测治疗情况，推送合适的食物以及运动，并联系医护人员进行相关药物推荐；设置日程，提醒服药、治疗、运动等日常活动。

4.2.3.2 方案推敲

（1）方案一

此方案由基本形体组合而成，外观整体比较硬朗。如图 4-7 所示，主体有两部分，柱体部分为腕式治疗部分，方体部分为主要操作部分，包含操作按钮以及一块电子屏。

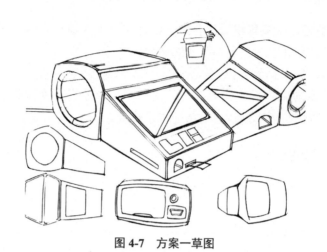

图 4-7　方案一草图

（2）方案二

此方案的主体造型为多面体，整体由小弧度曲面覆盖，所以看起来会比较柔和，曲面的转折边较为坚硬，避免了整体造型过分圆滑。下半部分比上半部分宽大，使产品体现出稳定感。如图 4-8 所示，产品中间的圆洞为腕式治疗部分，产品前面的盖子下，有操作按钮以及显示屏。

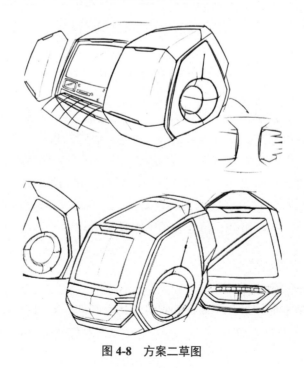

图 4-8　方案二草图

（3）方案三

此方案的造型主要由方体切割而成，展现出比较硬朗的风格，后部有曲面进行中和，使得整个产品比较协调，外观较为中性。如图 4-9 所示，底部较为宽大，表现出沉稳安全的感觉。

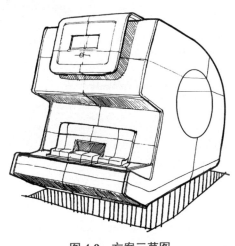

图 4-9　方案三草图

4.2.3.3　方案筛选

如表 4-11 所示，从造型、功能、操作等方面对三个方案进行筛选，将方案三继续深化。

表 4-11　方案筛选

方案	优点	缺点
方案一	体积较小	整体比例不协调，没有考虑清楚功能分区所需要的空间大小
方案二	造型时尚，外观独特，功能鲜明，设计感强	操作不便，造型复杂
方案三	产品稳定性强，造型简约，操作简单，功能明显，富有设计感	造型比较中庸，没有显著特点，整体体积较大

4.2.3.4　方案深化

（1）结构和细节

根据技术要求，推敲产品的外部结构与内部结构，如图 4-10 所示为产品爆炸图，图 4-11 所示为产品细节图。

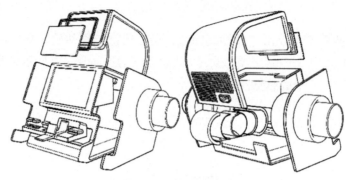

图 4-10　产品爆炸图

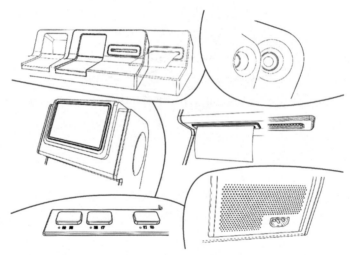

图 4-11　产品细节图

　　① 血糖、血脂检测的部位。将手指靠近，感应器会自动检测并打开开口，将手指放入，医用针头会自动探出将手指刺破。然后将血液涂抹在试纸上，将带有血液的试纸插入旁边的插口即可。

　　② 腕式红外治疗仪和腕式血压计。将手伸入圆洞，传感器自动识别到用户手的伸入，会自动填充手腕处的橡胶环，对用户的手腕处进行挤压，通过按钮选择检测还是理疗。

　　③ 显示屏。检测的结果以及理疗的一些情况会显示在显示屏上。屏幕可以触控操作。

　　④ 打印数据部位。可以将检测的数据打印下来，在打印口处有两排锋利的锯齿，方便将纸扯开。

⑤ 按键。主要的按键有三个，分别是检测、理疗和打印，为了查看方便，按键的下方有文字以及 LED 灯。

⑥ 声孔和充电部位。

（2）材料工艺和色彩

材料能够给人直接的触感及视觉效应，是造型设计的一个载体，产品的功能决定着采用具有什么性能的材料，在选择材料的同时，还要注意加工工艺的可实现性。根据医疗器械产品使用材料规定，产品的外壳选用 ABS 塑料，有一定的力学性能，而且安全实用。在与人体接触的部位，选用硅橡胶，有很强的耐老化、抗氧化能力。

色彩是人的直观感受，不同的颜色会影响不同时间不同观看者的心情。作为一款家庭医疗健康类产品，必须首先体现出医疗产品的干净整洁的特点，所以选用白色作为产品的主体色。为了避免单纯的白色过于单调枯燥，而且作为一款家庭医疗设备与普通的医疗设备相比要具有一定程度的人情味，所以选用了暖灰色进行搭配，使产品在满足医疗特征的同时又带有一丝柔和。但是白色与暖灰色都属于比较淡雅的色彩，所以在产品上用少许淡蓝色以及橘黄色进行点缀，使产品多了一丝灵动，使产品达到一种舒适的状态。在和市场上同类型产品对比时，能够给人眼前一亮的感觉。图 4-12 是产品的配色方案。

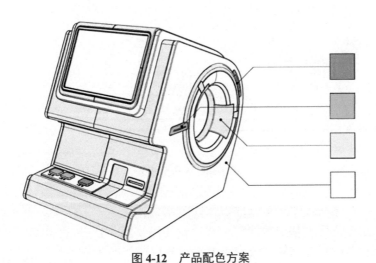

图 4-12　产品配色方案

（3）人机分析

人机工程学在设计的过程中占有非常重要的地位，一件好的产品，必须符合人机工程学的各项因素，提高用户的体验愉悦感和舒适感。

　　如图 4-13 所示，本产品手臂治疗部位距离桌面约为 213mm，这个距离属于使用舒适度最高的距离之一。正常人最舒适的视角为视平线向下 60°的范围，在这个范围内，人眼的疲劳度最低，可视度最高。如图 4-14 所示，本产品的屏幕倾斜度为 30°，这个角度处于 0°～60°的范围，属于最舒适的视线角度之一。

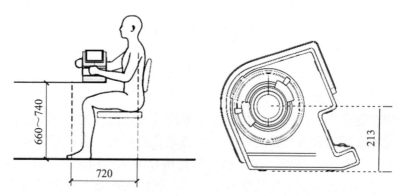

图 4-13　人机分析 a

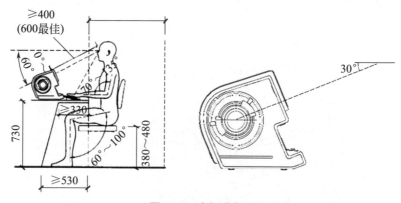

图 4-14　人机分析 b

4.2.3.5　智能家庭健康理疗仪设计

　　在产品定位后，基于功能需求和用户使用，图 4-15 ～ 图 4-17 分别从不同视角对方案进行展示。图 4-18 是产品的场景展示。图 4-19 是测量血糖和血脂的使用流程，图 4-20 是测量血压和治疗的使用流程。图 4-21 ～ 图 4-23 是产品的细节图，图 4-24 是产品三视图及尺寸。

图 4-15 前 45° 视图

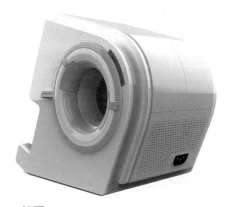

图 4-16 后 45° 视图

图 4-17 左视图和右视图

图 4-18　场景展示

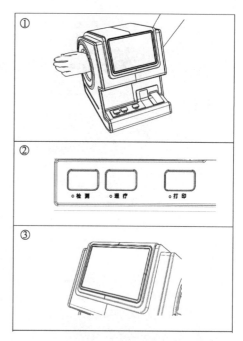

图 4-19　使用流程图 a

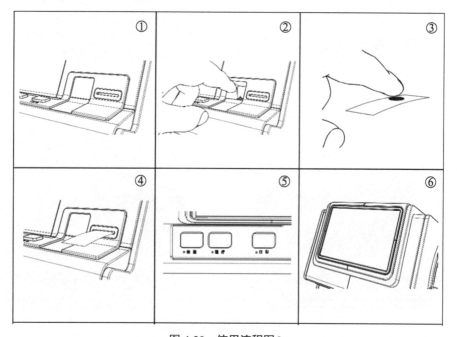

图 4-20　使用流程图 b

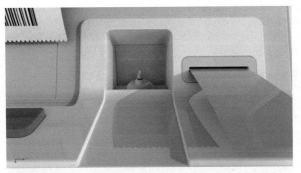

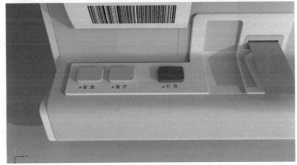

图 4-21　细节图 a

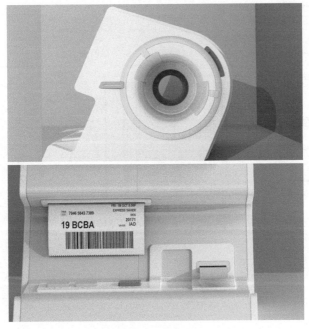

图 4-22　细节图 b

图 4-23 细节图 c

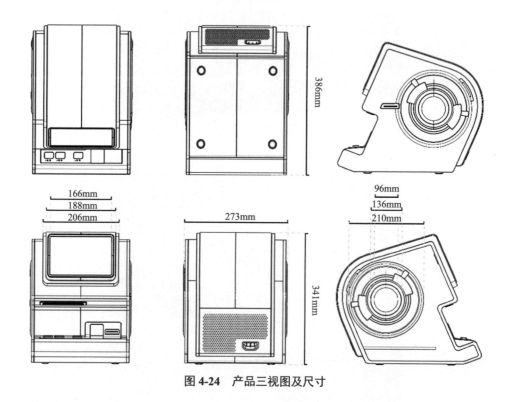

图 4-24 产品三视图及尺寸

第 5 章

智能卫浴产品设计

家庭使用的智能卫浴产品是智能家居产品中的特殊产品，它的功能、材料和使用环境都具有特殊性。虽然相对于整个家庭住宅来说，卫浴空间不算大，但它被视为住宅的心脏，是住宅中最重要、最复杂的部分。卫浴产品包含的种类是较多的，按产品类型可分为四大类，洁具产品主要包含洗手台、坐便器、淋浴房、浴缸、花洒等；家具产品包含浴室柜、卫浴镜、置物架、卫浴椅、坐便椅等；电器主要是热水器、灯具、浴霸、排气扇、紧急报警装置等；辅助产品包含毛巾架、卫生纸盒、浴帘、挂件，以及适老化的各种安全扶手、地垫等。

卫浴空间是家庭住宅中一个私密的功能区域，家庭成员在使用卫浴产品时都具有独立性；但对于家庭成员较多的家庭，它又是一个公共使用的区域，卫浴产品必须满足全家人方便、健康地使用，尤其是家庭中有老年人时，卫浴产品的设计更要照顾老年人的需求。本章主要介绍智能卫浴产品的设计，从家庭的老年用户出发，从整体卫浴来构思，智能化介入和模块化思想为基础，设计适合家庭使用的产品。

5.1　产品相关调研

5.1.1　可行性分析

用标准化、产业化的方式打造整体卫浴空间，是一种低耗、高效、经济和环保的方式，是今天绿色建筑的重要手段。自 2016 年以来，我国住建部出台了多个促进厨卫标准化、集成化和模块化的装修模式，全国 31 个省区市均出台了相关指导意见和配套设施，整体卫浴产品的发展市场可观。同时，中国家庭中多代混居的情况较多，不同年龄段用户对卫浴产品的需求不大一样，尤其是老年人对卫浴产品的安全性、易用性要求更高。一方面，卫浴产品的智能化，增加了产品的监测、检测、提醒、自动调节等功能，增强了产品对于多用户使用过程的适用性和易用性。另一方面，模块化卫浴产品的设计是在标准化、规范化基础上衍生出来的，以最少的模块和零部件，满足更多的用户需求，其设计的核心是将一个系统看成诸多有关联的，采用标准接口、可扩展、可重用的模块，通过模块间的组合，构建出不同功能与结构的系统，用以满足市场和生产中多样化、多层次的需求。因此，本项目的卫浴产品设计是智能模块化的整体卫浴设计。

5.1.2　智能卫浴产品相关技术

卫浴产品的种类多，智能卫浴产品的种类更多。通过资料的收集与研究，结合实际情况，将卫浴系统中各产品按照所承担的功能分为以下区域：核心功能区、辅助功能区与环境调控区。如表 5-1 所示，根据产品种类与所承担的功能活动的不同，将核心功能区细分为沐浴区、便溺区、盥洗区，沐浴区产品主要有淋浴房、浴缸、坐浴椅等，便溺区产品主要有坐便器、蹲便器、厕纸盒，盥洗区产品主要有洗手台及洗漱物品容纳处等；将辅助功能区分为储物区、助行区，储物区产品主要有储物架、储物柜等，助行区产品主要有扶手、防滑垫等；环境调控区主要包括对光照、通风、温度、湿度等的控制。通过对用户使用卫浴产品的行为进行分析，卫浴产品智能化主要涉及坐便器智能化、淋浴智能化，整体空间环境的热度、湿度调节，报警服务，防摔防滑设计，室内照明，智能节能设计，针对老人的无障碍设计等。如图 5-1 所示，智能卫浴产品的功能不同，所需的智能技术也不一样。通过不同的传感器和控制技术，将智能卫浴产品与整个智能家居系统中的多个设备和外部系统进行连接，防止单一连接出现错误信息，保证卫浴产品智能化、科学化地实现。

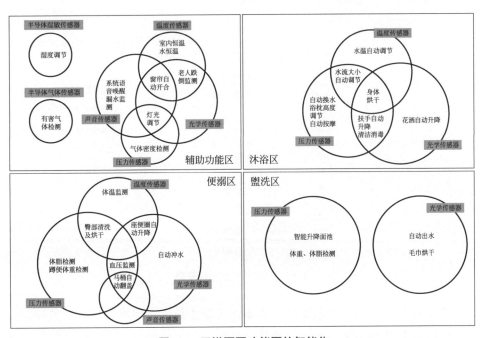

图 5-1　卫浴不同功能区的智能化

表 5-1   卫浴功能区和产品划分

功能区			产品
整体卫浴	核心功能区	沐浴区	淋浴房、浴缸、坐浴椅
		便溺区	坐便器、蹲便器、厕纸盒
		盥洗区	洗手台
	辅助功能区	储物区	储物架、储物柜
		助行区	扶手、防滑垫
	环境调控区	环境	加热器、灯光、通风装置

5.1.3   竞品分析

本项目针对的整体卫浴产品，目前市场上并不多，因此在分析时主要从卫浴产品承担的基本功能来分析，同时以老年用户为主要群体的卫浴产品，与年轻人的需求有所差别，需要增加一些特殊的卫浴产品。因此，按照用户对各功能区产品的使用，如图 5-2 分析逻辑所示，将卫浴空间的产品分为沐浴区、便溺区、盥洗区等区域。通过线下走访和天猫、淘宝、京东等电商平台的资料收集，对各功能区的产品进行调查和分析，如表 5-2 ～ 表 5-10 所示。

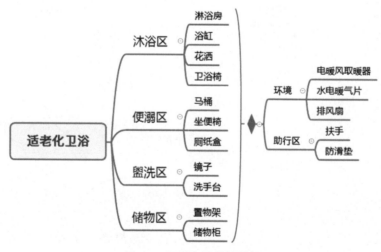

图 5-2   卫浴产品分析逻辑

经调查发现，国内对整体化、适老化、智能化的卫浴产品设计尚处于起步阶段，市场上主要是较为低端的产品，受技术和价格的影响，不同功能的卫浴产品差异较大，价格悬殊，需要分别分析。

① 沐浴区的产品包括淋浴房、浴缸、卫浴椅。首先不同的淋浴房价格与功能差异较大，且功能越丰富，价格相对越昂贵。淋浴房的设计没有考虑老年人的实际需要，偶尔有淋浴房内增加的可折叠座椅可被老年人使用。浴缸的设计有针对老年人身体不便的，但安装、使用和清洁并不轻松。卫浴椅在老年人使用中更为常见，且易安装、易使用、占空间小和便携性强，但是在舒适度和安全度上存在一定的弊端。

② 便溺区的产品有马桶和配合现有马桶与蹲厕使用的如厕椅，如厕椅有独立坐便椅、普通坐便椅和智能的电动升降坐便椅。智能马桶和智能如厕椅价格较高，但是功能更为完善，更适合老年人使用。

③ 卫浴产品的功能多、种类多、产品零散，而我国的卫浴空间不大，导致卫浴间容易杂乱、产品使用难。

④ 我国目前卫浴产品的智能化程度低，但是老年人对智能产品的需求并不低，因此产生严重的不匹配。

表 5-2　淋浴房竞品分析

图片	材料	尺寸 /cm	优缺点分析	价格 /元	安装方式
	铝合金、不锈钢、钢化玻璃	长：80～120 宽：80～100 高：195	干湿分离、宽敞	1649	需要专业的安装人员与安装工具
	钢化玻璃、不锈钢、铝合金、ABS	长：90～110 宽：90～110 高：215	淋浴与泡澡一体化、功能完善 价格高昂、占用空间	3648	需要专业的安装人员与安装工具
	3C 认证钢化玻璃、新型 ABS 型材	长：170 宽：120 高：215	整体淋浴房、干湿分离、功能多样	5383	需要专业的安装人员与安装工具
	钢化玻璃、不锈钢、亚克力	长：125～170 宽：85～90 高：215	干湿分离、既能淋浴又能泡澡、功能多样	3399	需要专业的安装人员与安装工具

表 5-3　浴缸竞品分析

产品	材料	尺寸 /cm	优缺点分析	价格/元	安装方式
	亚克力	132×75×104	便于老年人进入密封问题	9900	需要专业的安装人员与安装工具
	亚克力、不锈钢、PU、ABS	(120～170)×75×60	功能多样、有扶手便于老年人借力 不便于老年人进出	3680	需要专业的安装人员与安装工具
	亚克力、玻璃纤维	(120～150)×75×65	坐泡式设计，缓解劳累不便于老年人进出	3199	需要专业的安装人员与安装工具
	亚克力	100×57×96	便于老年人进入密封问题	7599	需要专业的安装人员与安装工具
	亚克力	140×79×90	便于老年人进入、功能多样 密封问题	7368	需要专业的安装人员与安装工具
	亚克力	110×69×110	便于老年人进入	7800	需要专业的安装人员与安装工具

表 5-4　卫浴椅竞品分析

产品	材料	尺寸 /cm	优缺点分析	价格/元	安装方式
	304 不锈钢	46×40×48	结实、方便、可折叠占用空间小安装费时费力、起坐无支撑	258	打孔安装
	ABS	37.6×32.4×32	受力面积大，舒适不易清洗	388	打孔安装
	铝合金、PE	50×43×74	高度可调、可以挪动、有防滑吸盘、安装便利 占用空间	181	无需安装

续表

产品	材料	尺寸 /cm	优缺点分析	价格/元	安装方式
	铝合金、PE	50×40×37	可折叠，占用空间小起坐无支撑	118	无需安装
	工程塑料、不锈钢	90×54×71	功能多，适合不同场景，可折叠尺寸过大，难以在狭小的卫浴空间使用	534	无需安装
	ABS 抗菌注塑面板、烤漆铝管	40.7×36×48	结实、方便、可折叠，占用空间小安装费时费力、起坐无支撑	262	打孔安装
	ABS 塑料、铝合金	78×41×88	结实、方便、可折叠，占用空间小、高度可调节	799	无需安装

表 5-5　如厕椅竞品分析

产品	材料	尺寸 /cm	优缺点分析	价格/元	安装方式
	不锈钢、PE	53×57×80	可折叠、节省空间、高度可调节	328	安装简便、无需专业工具
	ABS	50×42×39	可折叠、节省空间、高度可调节不稳定，易倾倒	500	安装简便、无需专业工具
	不锈钢、塑料、抗菌尼龙	54×31.5×63.5	洗浴如厕两用、可拆解，便于保存与运输	298	免打孔
	塑料、铝合金	55×67×85	辅助老年人起坐、高度可调、适合马桶和蹲厕	3860	安装简单、遥控一键操作升降
	碳钢材质	59×59×87	结构简单、可折叠	125	免打孔
	304 不锈钢、尼龙	55×70×70	稳固、结实	499	免打孔

表 5-6　洗手台竞品分析

产品	材质	尺寸 /cm	优缺点分析	价格 /元	安装方式
	陶瓷、木头	60×45.5×24.5	便于洗衣	370	需要专业的安装人员与安装工具
	陶瓷镀铬全钢	50×40×36	抗污易清洁、圆润弧度不易藏污纳垢	400	需要专业的安装人员与安装工具
	陶瓷	50×43×80	简单、易清洗	179	需要专业的安装人员与安装工具

表 5-7　扶手竞品分析

产品	材料	尺寸 /cm	优缺点分析	价格 /元	安装方式
	PC、TPE、ABS	41.5×9.5	免打孔、易安装、可调节位置，长时间不牢固、不适用所有的墙面	199	通过按压按键控制吸盘安装，方便快捷
	不锈钢、塑料	30×3.5×7.3	结实牢固安装不便、安装后不可调节	79	打孔安装
	不锈钢、防滑颗粒	8×75×75	可折叠，节约空间、夜光功能，便于夜间使用	299	打孔安装
	不锈钢、塑料	60×60×70	结实牢固安装不便、安装后不可调节	328	打孔安装
	不锈钢	30×7.8×7.3	造型美观、色彩多样、能与卫浴风格进行较好融合	380	打孔安装

续表

产品	材料	尺寸 /cm	优缺点分析	价格/元	安装方式
	ABS 塑料	44 ～ 57	可伸缩、长度可调节、免打孔、易安装、可调节位置 长时间不牢固、不适用所有的墙面	304.2	通过按压按键控制吸盘安装，方便快捷

表 5-8　防滑垫竞品分析

产品	材料	尺寸 /cm	优缺点分析	价格 / 元
	树脂	80×12×0.7	底部吸盘，安全牢固 底部易藏污渍、难以清洗	466
	塑料	30×30	价格低廉 构造简单，防滑性能差，底部易藏污渍、难以清洗	9
	PVC	35×70	底部吸盘，安全牢固 底部易藏污渍、难以清洗	16.8
	橡胶	40×92	不含有害物质、无异味、厚实有弹性	298
	硅藻泥	38×60×0.9	快速吸水、除异味	168
	棉	60×90	防滑、吸水、舒适	298

表 5-9　置物架竞品分析

产品	材料	尺寸 /cm	优缺点分析	价格/元	安装方式
	太空铝	60×20×10	小巧、节约空间、易于安装	198	可免打孔，胶水粘接

续表

产品	材料	尺寸/cm	优缺点分析	价格/元	安装方式
	6063太空铝	29.3×21.5×41.8	小巧、节约空间、易于安装	79	免订胶安装
	钢化玻璃	30×30×70	防水、防尘	450	孔安装
	不锈钢	80×15×37	容量大	79	免订胶安装
	太空铝	59.5×16×18	小巧、节约空间、易于安装	368	免订胶安装
	塑料	51×36.5×69	可移动、多层收纳，节省空间	40	免安装

表 5-10　取暖通风设备竞品分析

产品	加热方式	尺寸/cm	优缺点分析	价格/元	安装方式
	电热丝（PTC陶瓷发热）	34.2×25.3×13.1	发热快、效率高、小巧、防水安全	219	打孔安装、通过旋钮调节
	电热丝	41×17×34	快速加热、智能调控、过热保护	399	免打孔安装、遥控/旋钮调控温度
	电热	30×60	功率大、取暖范围广、安装于顶部、节省空间、加热过程中可实现通风换气	838	需要专业的安装工具与安装人员

续表

产品	加热方式	尺寸 /cm	优缺点分析	价格/元	安装方式
	电热	30×30×18	安全防爆、即开即热	469	需要专业的安装工具与安装人员
	电热	59.6×30.5×11.7	智能控制，自动换气，除湿	1889	需要专业的安装人员与安装工具
	电热	30×20×12	换气效果好	99	需要专业的安装人员与安装工具

5.2 用户调研

通过对各类老年群体进行综合分析，本项目主要用户是城市居家养老的 60 周岁以上的自理老人和介助老人。他们不依靠他人帮助或借助简单的辅助设备如把手、轮椅、拐杖等，就可以完成基本生理活动。

5.2.1 用户前期分析

（1）生理特征和行为特征

除了感官功能的下降，老年人腿脚不灵活、肢体不协调、行动迟缓，以及基本的手动操作不准确、不协调、重复操作的情况，都给他们使用卫浴产品带来了一定困扰。老年人的不慎跌倒甚至会威胁到他们的生命安全，要保证老年人在卫浴空间的安全，必须了解他们的行为习惯和相关因素（表 5-11），并以老年人的人体尺寸和人机工程学为基础，设计出符合老年人使用的卫浴产品。

表 5-11 卫浴间基本行为和相关要素统计表

行为	行为说明	相关产品	相关动作	相关行为能力
盥洗	洗漱等	盥洗盆、卫浴镜、毛巾架等	站立、弯腰、看、取放	视力、下肢力量、记忆力
沐浴	淋浴、盆浴	浴缸、淋浴器、收纳柜、热水器、安全扶手等	站立、坐立、取放	视力、下肢力量、记忆力、耐力
如厕	蹲式便池、坐式马桶	坐便器、纸巾架、安全扶手等	下蹲、坐立、站立	下肢力量

（2）心理特征

老年人因身体机能的衰退，在使用卫浴产品的过程中不能像年轻人一样顺利，因此他们会产生挫败感或自尊心受伤。同时，他们在日常的洗漱、如厕、沐浴过程中，又不愿意麻烦别人，容易产生必须做又不敢做的矛盾心理。

5.2.2　用户访谈和观察

在智能卫浴产品设计项目中，由于卫浴产品种类和老年人使用卫浴产品的行为较多，因此用户访谈提纲和观察的内容也较多，包含盥洗、沐浴、如厕等多个方面。通过面对面访谈和观察用户真实生活环境，了解老年人在卫浴空间各种操作的行为过程，老年人使用卫浴产品的习惯和具体方式，以及他们遇到的问题和困难，并进行记录和分析，得出表 5-12 的用户访谈记录总结表和表 5-13 的用户观察记录总结表。

表 5-12　用户访谈记录总结表（部分）

用户	常见问题总结
访谈记录 1 男性，79 岁	① 沐浴时站立时间过长，腿脚无力 ② 马桶蹲起不方便 ③ 沐浴时会感到闷热、头晕 ④ 地面容易滑倒
访谈记录 2 女性，82 岁	① 地面容易滑倒 ② 身体关节疼痛，开关水龙头、花洒困难 ③ 浴缸不能使用 ④ 水温不易控制 ⑤ 马桶蹲起不方便
访谈记录 3 女性，69 岁	① 淋浴水温不易控制 ② 卫浴椅使用不方便 ③ 马桶蹲起不方便
……	

表 5-13　用户观察记录总结表（部分）

观察行为	现象	可切入点
观察在卫浴空间走动时身体便利程度	① 身体机能下降，行动较为迟缓 ② 卫浴空间小、杂物较多，不便于行走	① 合理的卫浴空间分区和储物 ② 走动时有支撑物，地面粗糙度合适

续表

观察行为	现象	可切入点
观察用户模拟使用沐浴设施	① 踮起脚尖，调节花洒角度，缓缓调节花洒开关 ② 安置好卫浴椅，再将沐浴用品放置于面前凳子上，打开淋浴开关	① 花洒角度易调节、水温易调节 ② 卫浴椅便于使用，沐浴物品便于拿取
观察用户模拟使用马桶	① 使用后轻微借助外物支撑起身 ② 起坐较为困难，需要借助扶手才能缓缓起身	① 自动支撑起身 ② 有良好的辅助把手
观察卫浴空间里物品摆放	卫浴空间物品杂乱，难以区分，且拿取不方便	整洁、大的储物空间；方便区分；美观；易于拿取物品
观察用户使用加热装置	① 提前将电暖气片启动，加热 ② 洗澡前插上加热器电源，有时会感觉气温不够高，有时会感觉比较闷。出于安全与便利考虑，在沐浴过程中不会调节温度	便捷易用的取暖设备 温度、湿度的自动调节
……		

经过入户观察、访谈发现老年人在使用卫浴产品时，存在以下问题：

① 在被调研的家庭中，冬季沐浴时的取暖比较麻烦。几乎所有的家庭都有电暖气片或电暖风等取暖设备，但这些设备在使用过程中温度是不可调节的。

② 调研结果显示，超过八成的老年人更愿意采用淋浴或者坐浴的方式。

③ 如厕过程和坐浴过程中的起坐较为困难。

④ 如厕过程和坐浴过程中取物有一定困难。

⑤ 对于通风设施、扶手和防滑垫等辅助类产品的使用较为缺乏。

⑥ 老年人的需求会因为自身身体状况的改变而突变，如，有的老年人会因为突发某种疾病而丧失一定功能，这时就不得不更换现有的卫浴产品。

5.2.3　问卷调查和需求重要度分析

本项目所涉及的卫浴产品较多，产品功能、使用方式、用户需求等都存在差异，因此在问卷设计时需要特别注意两个方面，一是问题较多时需要进行同类合并，二是问题的答案需要清晰。例如，自理老人和介助老人由于身体原因存在一定差异，需要在问题中对不同用户的选择进行区分，表 5-14 对用户的沐浴方式和沐浴设施进行了甄别，表 5-15 是不同用户在具体使用不同卫浴产品时的问题细化。结合问卷调研结果，对老年人使用卫浴产品的需求进行陈述，确定各需求等级，判断需求重要度，如表 5-16 所示。

表 5-14　用户甄别

问题1：您会采用哪种方式沐浴？
A.站着 B.坐着 C.躺着 D.其他
问题2：使用什么沐浴设施？
A.淋浴 B.浴缸 （跳至4题）

表 5-15　问题细化

问题3：您在淋浴时遇到了哪些问题 ？	问题4：您在使用浴缸时遇到了哪些问题？
行动不便，易摔倒	行动不便，易摔倒
地面容易滑倒	地面容易滑倒
长时间站立很吃力	进出浴缸困难
冬天感觉卫浴空间温度很低	在浴缸中站立困难
水温不好控制	进入浴缸时觉得没有安全感
觉得长时间沐浴很憋气	觉得长时间沐浴很憋气
保温效果差，易患感冒	从浴缸出来，与卫浴空间内温差大
沐浴后来不及穿衣保暖容易感冒	沐浴后来不及穿衣保暖容易感冒
	水温不好控制

表 5-16　用户需求重要度

序号	需求		重要度
	一级需求	二级需求	
1		温度合适易调节	5
2		通风良好	4
3		便于拿取、存放物品	4
4		地面防滑	3
5	功能	沐浴时衣物易于存放	5
6		有效倚靠设施	3
7		易清洗	4
8		方便上厕所	5
9		马桶起坐方便	3
10		起夜方便	3

续表

序号	需求		重要度
	一级需求	二级需求	
11	辅助功能	灯光柔和	4
12		智能呼救	3
13		洗脸台防止水外溅	4
14		洗脸台高度可以调节	5
15		有其他平台可以洗衣服、洗头发等	3
16		智能化调控	5
17		反馈及时高效	3
18	价格	价格合适	4
19	使用方式	操作简单	5
20		部件易调节	4
21		易于安装	3
22		高效反馈	5
23	外观	配色干净、明快	4
24		简洁	4
25		圆润、无棱角	5
26		安全、敦厚	4
27	心理	安全	5
28		方便	4
29		干净整洁	4
30		对老年人友好	4

5.2.4　创建用户角色模型和绘制用户旅程地图

在卫浴空间，老年人使用沐浴区产品的行为更为复杂和困难，因此，选取老年人沐浴行为来创建用户角色模型（表 5-17）和绘制用户旅程地图（图 5-3）。

表 5-17 用户角色模型

姓名：吕奶奶	
个人信息： 年龄：80 性别：女 身体状况：身体良好，行动略有迟缓，生活可以自理，视力较差 同居人员：老伴，患有脑血栓，行动不便 和子女居住距离：同一城市	

卫浴空间环境：

家中有一个卫浴空间，正方形，约 5 平方米。空间内有淋浴、通风设备、两把椅子、马桶、置物架、洗手台、若干盆，及一些沐浴和洗漱用品。地面为防滑地砖，空间内没有安装扶手。卫浴空间内没有暖气，冬季会用电暖气片

用户行为：

地面没有铺防滑垫，认为防滑垫底部易滋生细菌，难以清洗。沐浴时采用坐浴，卫浴空间里有高矮两个凳子，较高的凳子供老伴使用，因为老伴腿脚不便，高凳子便于起身。淋浴开关位置较高，使用的时候需要踮起脚尖。拿取沐浴用品不方便。毛巾随手挂在卫浴空间绳子上。冬季沐浴时，需要提前将电暖气片加热，感觉闷热时会开一会排风扇，然后关掉

问题痛点：

冬季沐浴时，卫浴空间内温度难以控制。地面较滑，不安全。防滑垫难以清洗。长时间沐浴会体力不支，起坐困难。对卫浴椅的高矮有要求。卫浴空间内一些尺寸不利于用户使用。缺乏科学合理的物品储存区域。水温、水量、通风等因素难以控制

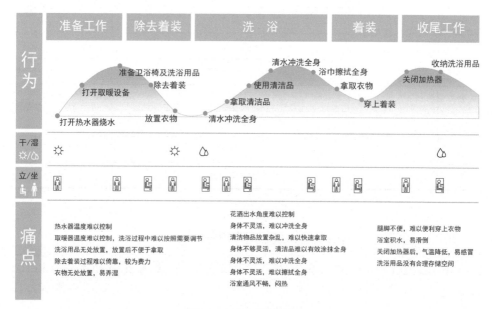

图 5-3 用户旅程地图

5.2.5 设计切入点

用模块化思想切入智能卫浴产品的设计，在设计中不局限于单个产品的设计研究，而是将整个卫浴空间以及卫浴活动作为一个有机的整体来考虑。通过对用户研究，主要从以下三个方面进行设计分析，并针对主要功能区域进行相应的设计切入（表5-18）。

① 模块化的卫浴设计，将构成整体卫浴系统的各部件视为一个个模块，各模块既可以组合使用也可以单独使用，用户根据自身情况，选择任意模块，构成个性化的卫浴系统，满足老年人的个性化需求。

② 适老化的卫浴设计，将用户群体的真正需求，充分运用安全性、易用性、舒适性等原则进行设计。

③ 智能模块应用于卫浴设计，使用智能化的技术手段，检测卫浴空间突发的意外状况，调控卫浴空间环境。

表5-18 卫浴功能区域的设计切入

对策	盥洗区	便溺区	沐浴区
安全	台下盆；无尖角；周围增加安全扶手；水龙头具有防烫伤功能	增加安全扶手；紧急呼叫装置；马桶高度可调节	增加安全扶手；产品选用防滑材质；增加水温控制器
包容	台面高度可调节；镜子高度可调节；台下留有容膝的空间	增加助起装置；卫生纸盒与呼叫装置安装在适宜位置，同时位置可调	可加装坐浴椅；为护理人员和轮椅使用者留出能够进入的空间
易用	台面能够升降；储物柜放置在站立和坐立老年人抬手能够到的高度	马桶选用智能式，增加墙面挂式冲水按钮和遥控冲水	花洒放置在合适位置，选用省力开关
舒适	水龙头选用恒温式；选用装有LED灯的卫浴镜	选用后排水方式；增加马桶自清洁、坐垫加热、自动冲水等功能	挡水装置，淋浴支架采用升降式；可调置物架

5.3 方案设计

5.3.1 产品定位

形象定位：安全踏实、干净、现代、温馨。

色彩定位：考虑到老年人视力因素，产品整体采用较浅的配色，一些关键部件使用较为醒目的配色。

材质定位：产品主体部分以安全经济为导向，选择金属、ABS塑料，针对部分直接与皮肤接触的部件，以用户体验为导向，选择易于清洗，不易滋生细菌、吸附污渍，并且触感良好的材质。

经济定位：性价比高、模块化易生产、易安装、环保无污染。

模块化：产品由若干模块组成，各模块有独立的功能，各模块可以互相组合，形成一个整体的卫浴系统，满足用户个性化的需求。

功能定位：辅助老年人起坐，为老年人的站立、行走、坐、依靠提供支撑。存储洗漱和沐浴物品，易于被老年人取放。

功能模块定位：①主体模块，主要包括马桶、洗手台、淋浴、防滑垫及各功能模块的预留接口；②扶手模块 A（专为方便老年人洗漱而设计的安装于洗手台上方的固定扶手）、扶手模块 B（安装于马桶上方，便于老年人如厕时的起坐，在老年人沐浴时，该扶手可滑动到防滑垫上方，为老年人提供支撑）；③座椅模块 A（普通卫浴椅，可折叠）、座椅模块 B（为老年人如厕的起坐提供助力，在老年人沐浴时，该扶手可滑动到防滑垫上方，为老年人提供支撑），两座椅模块安装位置相同；④储物模块（储物模块可放置于主体中任何空余的空间中）；⑤背部花洒模块；⑥烘干装置模块；⑦控制面板模块。

由于项目是家庭环境的卫浴空间，在卫浴产品的设计中，综合考虑现有家庭卫浴空间面积与卫浴产品的外观尺寸，结合老年人生理与心理因素，最终将 10 平方米以内，且最窄不小于 1.8m，并且预留通风口的卫浴空间作为环境载体。

5.3.2　手机端 App 信息架构和设计

（1）手机端 App 信息架构

用户在使用智能卫浴产品时，卫浴产品上通过控制面板（图 5-4）进行操作，更多的是通过手机端 App 进行操作，信息架构如图 5-5 所示。

图 5-4　控制面板

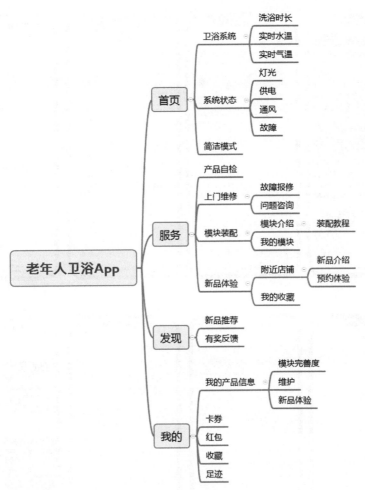

图 5-5　手机端 App 信息架构

（2）界面设计

如图 5-6 所示，选用黑、白、灰为主色调，绿色为辅助色进行界面设计。

5.3.3　智能卫浴产品造型设计

根据市场调研和用户分析后，采用功能模块围绕柱体的设计。智能卫浴包括淋浴模块、卫浴椅模块、加热模块、储物模块、安全扶手模块、起坐助力模块、智能控制模块等功能模块，以适应不同用户的使用需求，图 5-7 是方案效果图，图 5-8 是不同功能模块的组合方式，图 5-9 是不同使用行为的场景展示。

图 5-6　手机端 App 界面设计

　　卫浴产品是与人们健康息息相关的产品，其基本尺寸的选择都要符合人机工程学，同时由于老年人对卫浴产品使用的特殊性，卫浴产品中各部件尺寸的确定需要符合老年人的基本尺寸和使用习惯。如图 5-10 是卫浴产品的基本尺寸展示。

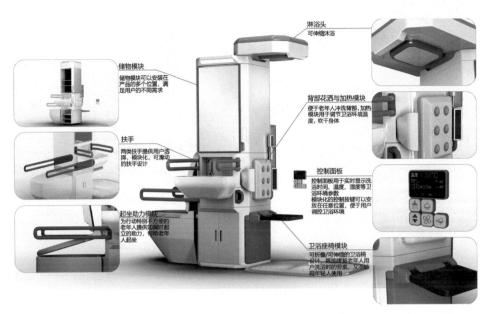

储物模块
储物模块可以安装在产品的多个位置,满足用户的不同需求

扶手
两类扶手提供用户选择,模块化,可滑动的扶手设计

起坐助力模块
为行动特别不方便的老年人提供如厕时起立的助力,帮助老年人起坐

淋浴头
可伸缩沐浴

背部花洒与加热模块
便于老年人冲洗背部,加热模块用于调节卫浴环境温度,吹干身体

控制面板
控制面板用于实时显示洗浴时间、温度、湿度等卫浴环境参数
模块化的控制按键可以安放在任意位置,便于用户调控卫浴环境

卫浴座椅模块
可折叠/可伸缩的卫浴椅设计,既能缓解老年人用户洗浴时的劳累,又不妨碍年轻人使用

图 5-7 方案效果图

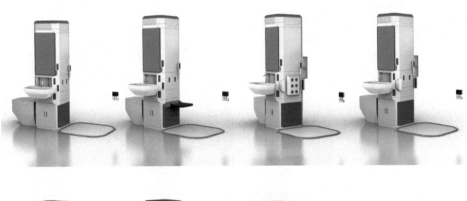

图 5-8 功能模块组合方式

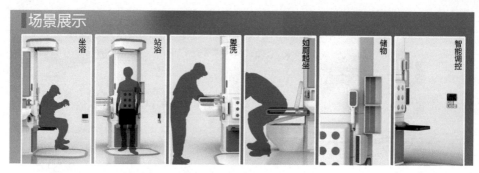

图 5-9　场景展示

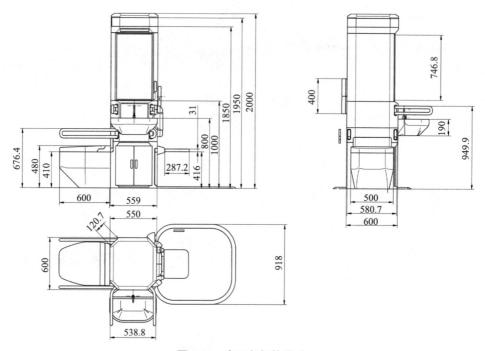

图 5-10　产品各部件尺寸

第**6**章

智能公共产品设计

公共产品种类繁多，涉及范围广，主要是公共空间使用的产品，如公共交通中的传统公共产品公共汽车、火车、飞机和新兴的共享单车、共享汽车等，以及公共空间中使用的垃圾桶、路灯、公共长椅等公共设施。本章以智能充电桩的设计为例介绍公共产品设计从单一功能产品到智能终端的设计过程和方案。

随着我国经济社会发展水平不断提高以及绿色环保生态理念的提出和践行，电动汽车行业发展迅速，电动汽车用户不断增长。充电桩作为一种电动汽车的能源供给设施，是电动汽车发展和推广所必需的重要配套基础设施。同时，随着国内旅游业的发展，自驾游成为受大家喜爱的旅游方式，驾驶电动汽车既能减少汽车尾气排放，也能带给人们自由、愉悦、快乐的精神享受，因而旅游交通中充电桩的需求和设计也亟待关注。本章是基于旅游规划的智能充电桩产品设计，对旅游景区公共充电基础设施的现状和系统设计进行研究，从用户需求出发，以便捷绿色出行生活为目标。

如图 6-1 所示，通过对项目的多重分析，确定可行性，以相关功能或技术为基础，对市场同类产品进行解读，对用户进行深度分析，在设计过程对方案进行迭代，并完成最终设计。

图 6-1　公共产品设计流程

6.1　产品相关调研

在产品的相关调研中，常规需要对产品的社会背景、相关政策和行业发展进行梳理，分析项目的可行性，然后对产品的市场、需求和技术的现状、未来及优缺点进行分析，得出产品目前存在的问题和设计的切入点。

6.1.1 可行性分析

在全球绿色环保理念的推动下，在各国政策导向和服务导向的影响下，电动汽车产业发展迅猛，电动汽车用户不断增加，目前电动汽车的研发已成为各国政府和汽车行业的热点，电动汽车的充电桩及配套设施的建设也受到极大关注。在 2015 年的《电动汽车充电基础设施发展指南（2015—2020 年）》中指出，2015 ～ 2020 年需要新建集中式充换电站超过 1.2 万座，分散式充电桩超过 480 万个。相关部门更是接连出台了《关于加快电动汽车充电基础设施建设的指导意见》（2015 年）、《十三五新能源汽车充电基础设施奖励政策》（2016 年）、《提升新能源汽车充电保障能力行动计划》（2018 年）等一系列政策和补贴，大力推进充电桩及配套设施的建设，解决电动汽车充电难题。各省区市还根据发展状况对充电设施运营商进行建桩补贴、用电价格补贴以及系统性建桩规划布局，为新能源汽车产业的发展保驾护航。在对社会背景、相关政策、市场认知、前景未来、经济、技术、需求和商业模式等分析后，基于旅游规划的智能充电桩项目是可行性极高的（图 6-2）。同时，通过 SWOT 分析将思路进行粗略的梳理，包括内部优势（S—strengths）、劣势（W—weaknesses）、机会（O—opportunities）和威胁（T—threats），能够将充电桩产品的发展所处的内部和外部环境进行分析（图 6-3），作为后续具体分析的基础。

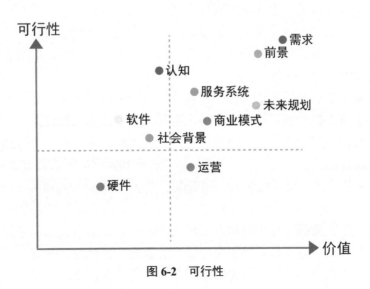

图 6-2 可行性

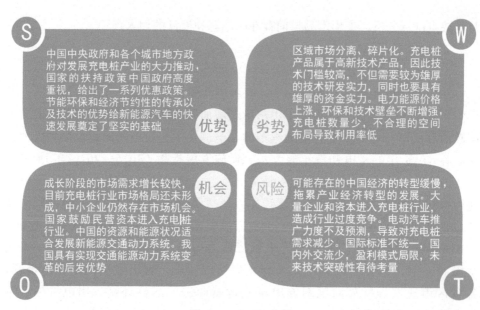

图 6-3　SWOT 分析

6.1.2　充电桩相关技术

当下，我国市场上最常见的公共充电产品是充电桩。充电桩的设计和充电技术关系密切，充电形式决定了充电桩的基本功能和结构。目前，我国电动汽车充电桩的充电技术如表 6-1 所示，主要分为慢充、快充、换电和无线四种形式。常规慢充一般适合个人车位或停车场；快充一般适合集中式充电站或加油站；换电一般采用标准化电池，即换即走，适合集中式换电站；无线一般适合集中式充电站。虽然常规慢充技术成熟，对场地环境要求小，但是充电速度过慢。无线充电则是充电时间长，且技术不稳定。

一般旅游景区都是位于市郊，或者位置相对偏远的地区，尤其是以自然景观为主的旅游景区。基于旅游规划的充电桩，主要是为到旅游景区的用户使用的。用户在游玩过程中对景区路程和充电桩充电时间的要求，使得直流快充成为充电桩的首选方式，快充在满足用户应急性和快速充电需求方面有极大优势，大功率充电技术可实现"充电 10 ～ 15min、续航 300km"，其便利性可与燃油车相比。

同时，在大数据、物联网和人工智能等技术的推动下，充电桩的智能化需求将越来越高。一方面是对智能充电设备的需要，二是对充电过程的智能化管理，可以延长电池寿命，三是充电系统对用户的智能化反馈，预约、支付、监控充电状态等。充电桩形成在智能硬件与手机充电 App、云服务、远程智能管理基础上共享运行的模式。充电桩与 5G 结合，不仅是充电设施，还是信息桩、数据桩和物联桩，是实现互连互通的载体。

表 6-1　充电桩的充电技术

① 常规慢充	② 快充	③ 换电	④ 无线
8～10h 设备简单 技术成熟 场地空间小 可分散式	20～90min 设备复杂 需规范空间 场地空间大 集中式	即充即走 设备复杂且统一 需规范空间 场地空间大 集中式	7～8h 成本高 不稳定 场地空间大 集中式

6.1.3　产品调研分析

在公共产品的市场调研时，更多依靠一些研究院或咨询机构的研究数据，如充电桩的调研数据主要来源于前瞻产业研究院《中国电动汽车充电桩行业发展前景预测与投资战略规划分析报告》。结合各地的旅游规划进行分析，目前旅游景区充电桩存在以下问题：

① 单个充电桩布点不均，充电桩的路段中分布率太低，大部分都是以集合形式的充电站出现在旅游区目的地；

② 山路较多的旅游区，即使路段中间设置充电桩，也可能因为树木、坡路等遮挡物过多，而使游客在急需时难以找到；

③ 现有充电桩的线经常因为杂乱而常常使充电现场杂乱无章，不仅影响美观和使用体验，而且耽误了很多用户赶路的时间；

④ 提高电动汽车在景区出行的效能与充电桩之间的综合易用性。

同时，在对市场已有的充电 App 的分析（表 6-2）中，得到一些设计启发。

① 页面简约干净，操作简单方便；

② 布局合理，重要信息突出，显示充电桩基本信息；

③ 通过布局和颜色对信息重要度进行分级；

④ 支持附加功能，提供用户交流平台。

表 6-2 充电 App 竞品分析

充电桩名称	充电图	充电网	充电桩	电桩	聚电桩
UI 设计	启动画面简约大气标识大且清晰、视觉效果不错	画面简洁明了，具有亲切感但不太精细	以绿色为主，干净清新呼应新能源主题	以深夜充电画面为背景，符合年轻人审美	使用黑色为主色调，充满科技感
充电桩覆盖率	以搜索为主，覆盖率不高	覆盖率低，筛选后寥寥无几	充电桩覆盖率很高	覆盖率高，但逻辑混乱，筛选条件不多	覆盖率一般
充电桩详细信息	充电桩详情页面不够详细，无用功能较多	点击图标可查看详细信息重要信息不明显	打开详情页面一目了然，但只有部分可以显示完整信息	可以了解基本信息，如果想了解更多还需跳转页面	不提供充电桩空闲数量，每个充电桩有独立的微信群
导航和支付功能	自带导航，iOS 系统不太适应使用微信和支付宝支付	单次充值金额少，随充随用自带高德地图，支持跳转其他导航	支持高德地图和其他地图支付宝和微信支付	自带高德地图，也可使用手机中地图软件不提供支付方式信息	支持高德地图和跳转其他地图，支付页面名称新颖独特
其他功能	除查找电桩外无其他额外功能	拥有独立社区，可发布动态	支持自建充电桩，具备线上商城、违章查询等功能	用户互动	支持违章查询、个人建桩和滴滴打车
优势	用户可了解到充电桩维护情况，有效避免找到桩无法充电现象	囊括用车成本计算和自驾攻略等功能，给用户提供交流平台	智能推荐充电桩信息，以不同颜色区分	页面根据类型分类	页面清晰，不繁杂，页面设计充满科技感和时尚感
劣势	内容少，用户单一	页面不精细重要信息隐藏太深，不易找到	充值后无法提现大部分不能显示充电桩实时状态	全部充电桩加载后混乱标注叠加难以区分，只支持自己的充电桩使用	充电桩基本信息显示不明确甚至没有

6.2 用户调研

在基于旅游规划的智能充电桩产品设计的分析中，需要对用户不断细分，最终找到目标用户。在旅游交通中，电动汽车一般有景区提供的电动大巴和

旅游景区观光电瓶车，还有私人的电动汽车或共享电动汽车，前两者是景区
或服务部门提供的，一般有单独的充电区域，后两者是私人自驾前往景区的，
缺乏足够的、适合的充电桩。本项目的充电桩设计主要针对私人自驾电动汽
车的用户。

常用的调研方法有观察法、问卷法、访谈法、焦点小组、实验法等。在用
户调研过程中，为了调研结果的可靠性，通常是多种方法的综合使用。

6.2.1　用户访谈和问卷调查

通过列好的访谈脚本或提纲，对充电桩的用户进行访谈，收集充电过程中
的各种信息，深入了解用户生活习惯、生活环境，以及做出相应决策所面临的
处境。在访谈过程中需要掌握一定的沟通技巧和访谈节奏，来提高用户的主动
性，得到一些较为深入的回答。如图 6-4 所示是在与用户的访谈过程中，用户的
一些反馈。

A　周先生

- 走到途中时没有电，又找不到充电桩，很头疼。
- 使用App查找公共充电设备，但是到达目的地后会遇到很多阻碍充电的问题，App操作不上手。
- 车位紧张，去了之后发现车位被占了，所以没法充电。
- 要不就是查找到的充电站太远，跑过去充电再回来电又用光了，浪费时间与金钱。
- 在去一个新的地方前，都会查好路程，看好自己所剩的电量，作一番比较。过程很麻烦。
- 在户外临时找了一个餐厅进行充电，同时在餐厅吃了一顿饭。但等待的时间太长，很无聊。
- 平时充完电，充电线就会乱七八糟，阻碍通行又不美观。

B　李先生

- 充电的话，看到就充，看不到就不充了。出去玩，都是提前联系好的。自己出去我都不管那么多的。到哪里能充就充。
- 需要找沿途有充电桩的路线，而且住宿或景区也是最好有充电产品。
- 充电设备不齐全，只能轮流充电，每人充一点，保证剩下来的行程。
- 在高速公路上行驶时，不能遇到太多足够的充电设施，所以只能计算着路程来规划自己的行程。
- 好不容易找到可以充电的地方后是没有车位，提前也不知道，需要等待。
- 旅游景区的电动汽车充电桩很难找，基本也没有。

C　康女士

- 有的充电桩在停车位靠近路的一边，停车太考验我的车技了。
- 充电的停车位被燃油车占据。
- 露天的充电桩下雨的时候我都不敢充电。
- 在景点玩了之后还要再返回去开车，不喜欢往回走，玩的时候想着玩累了还要走回去开车，就不想走太远，只在附近玩。
- 本来充电桩位置就有限，有的充电桩还不能用，插上充电枪就跳枪了，App上也没显示这个充电桩有问题，特意找过来充电，空位的还是坏的，App上报修了，也并没有及时回复。
- 有时候玩的时间长了，车电已经充满了就会想，会不会有人等着充电，会不会占着位子了。

图 6-4　充电桩访谈（部分）

通过网上和线下混合的问卷调查，对较大范围的目标用户的基本态度和行
为进行调查。在问卷调查中，设置一些较为直观的问题和答案（表 6-3），方便量
化分析后续的数据。量化分析用户在旅游过程中使用充电桩的行为特征和习惯、
充电遇到的问题、过程体验、充电感受以及对理想充电桩的预期等，如充电前
充电需求产生的原因与场景、用户对电量的关心程度、寻找充电桩习惯性方式
等；充电中用户对户外充电的需求、用户对不同充电方式的选择、目前充电遇

到的问题、充电过程的监控、充电的支付方式等信息。

通过对用户访谈和问卷的结果进行分析，得到用户在使用充电桩过程中各种需求的重要度（表6-4），除了用户的显性需求，还包含了一些隐性需求。明确的用户需求，为充电桩的设计提供了依据。

表 6-3　充电桩问卷调查（部分）

问题 A：如果您使用电动汽车去旅游，最担心的是什么？	问题 B：如果有一款与景区充电桩配套的手机端 App，您希望有哪些功能？
找不到充电桩，充电不方便	显示景区内和附近充电桩点
充电时间过长，损坏电池	显示充电桩剩余位置
充电站之间的距离	预估充电桩他人使用结束时间
充电桩的兼容性	选择一个充电点可以进行地图导航
存在安全隐患	搜索目的地，显示可能路线上的充电点
附近充电桩已满	智能根据路况、距离和目的地等信息推荐充电桩位置
他人充完电还占据位置	智能显示电池电量，电量低时能够提示充电
中途意外断电	智能提醒电量充满时间
无法得知爱车的充电状态	智能显示支付交易过程
无法确定等待的时间	实时显示充电时长和消费金额
无法得知附近是否有空闲或即将空闲的充电桩	充电结束有信息提示
充电桩操作不方便	扫码充电
充电桩造型不美观	一键锁车
手机端 App 不易操作，流程太多	紧急反馈报修
手机端 App 界面的设计太复杂	查询景区游览地图等信息
	可以寻找附近的人拼车交友

表 6-4 用户需求重要度

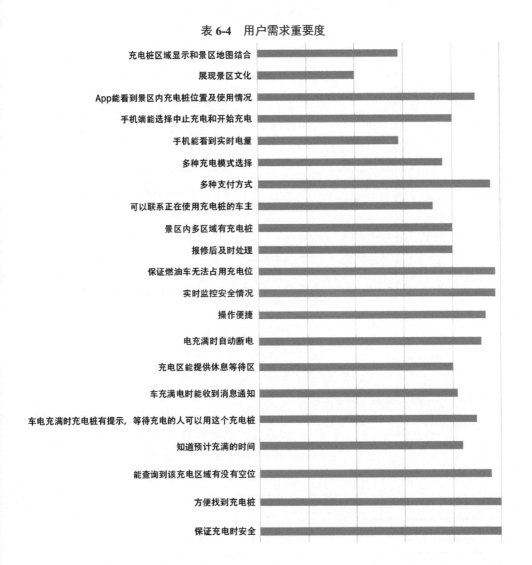

6.2.2 用户行为洞察

洞察用户的行为，能够理解用户的习惯、特征、需求和生活方式。采用观察法，对用户在充电过程中的行为进行观察，能够得到客观真实的用户行为过程、操作习惯、操作状态、产品问题与痛点和用户需求，找到一些在访谈过程或问卷调查中被用户刻意隐瞒的信息。如图 6-5 ~ 图 6-7 所示，将用户使用充电桩的行为分为六个阶段："寻找充电桩""对充电桩进行选择""充电时间""充电情形""驾车时"和"其余行为"。

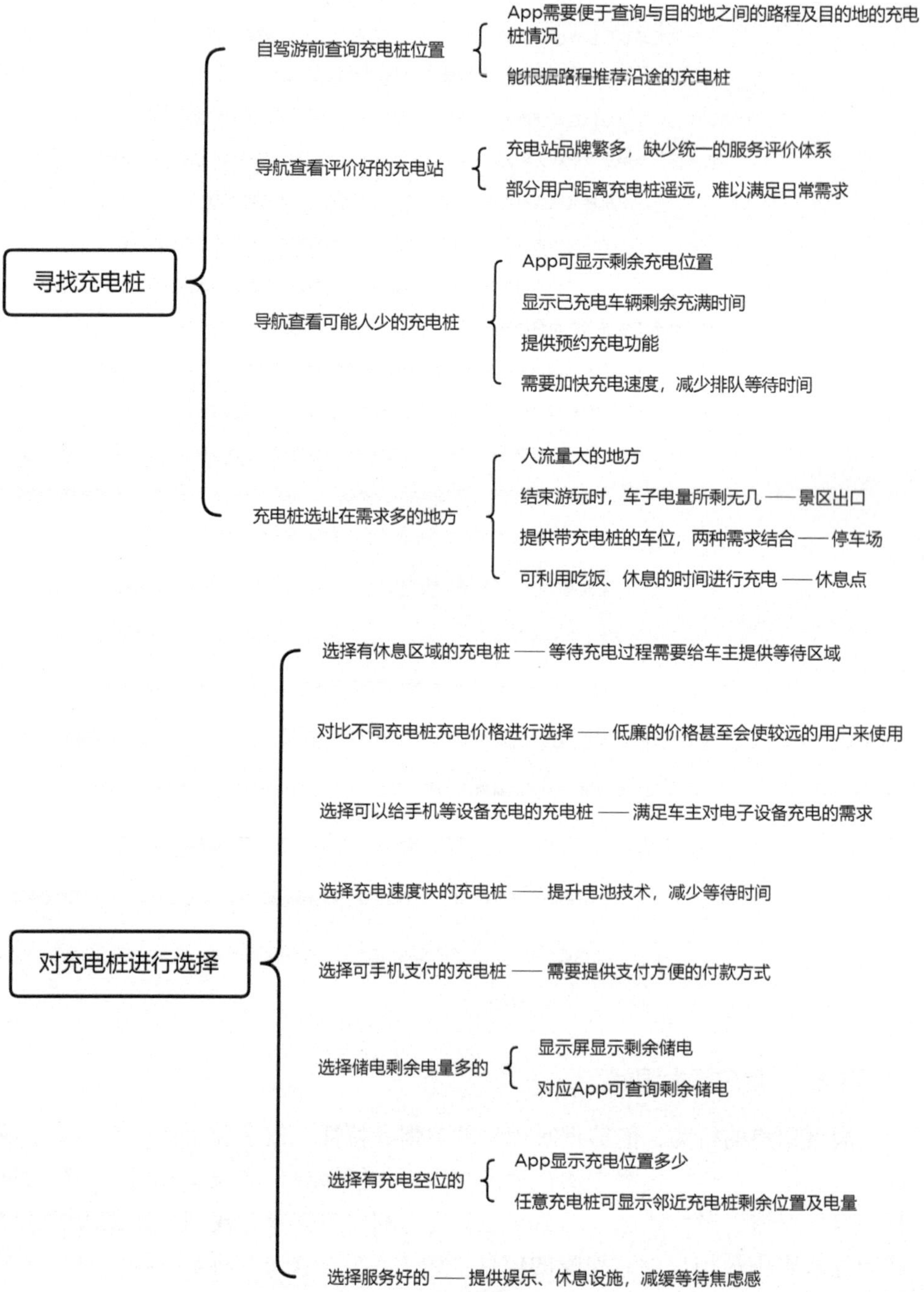

寻找充电桩

自驾游前查询充电桩位置
- App需要便于查询与目的地之间的路程及目的地的充电桩情况
- 能根据路程推荐沿途的充电桩

导航查看评价好的充电站
- 充电站品牌繁多，缺少统一的服务评价体系
- 部分用户距离充电桩遥远，难以满足日常需求

导航查看可能人少的充电桩
- App可显示剩余充电位置
- 显示已充电车辆剩余充满时间
- 提供预约充电功能
- 需要加快充电速度，减少排队等待时间

充电桩选址在需求多的地方
- 人流量大的地方
- 结束游玩时，车子电量所剩无几 —— 景区出口
- 提供带充电桩的车位，两种需求结合 —— 停车场
- 可利用吃饭、休息的时间进行充电 —— 休息点

对充电桩进行选择

- 选择有休息区域的充电桩 —— 等待充电过程需要给车主提供等待区域
- 对比不同充电桩充电价格进行选择 —— 低廉的价格甚至会使较远的用户来使用
- 选择可以给手机等设备充电的充电桩 —— 满足车主对电子设备充电的需求
- 选择充电速度快的充电桩 —— 提升电池技术，减少等待时间
- 选择可手机支付的充电桩 —— 需要提供支付方便的付款方式
- 选择储电剩余电量多的
  - 显示屏显示剩余储电
  - 对应App可查询剩余储电
- 选择有充电空位的
  - App显示充电位置多少
  - 任意充电桩可显示邻近充电桩剩余位置及电量
- 选择服务好的 —— 提供娱乐、休息设施，减缓等待焦虑感

图 6-5　用户行为 a

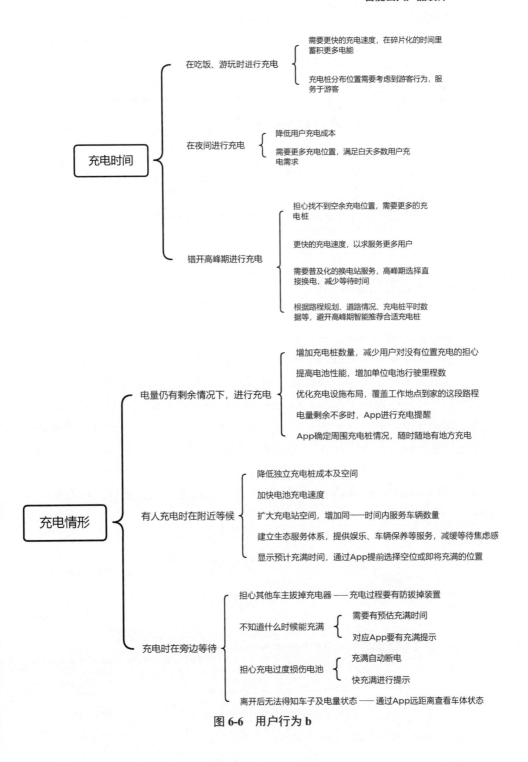

图 6-6　用户行为 b

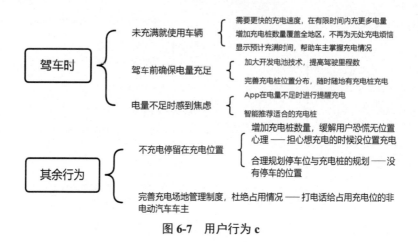

图 6-7　用户行为 c

6.2.3　用户行为流程分析

　　基于旅游规划的智能充电产品设计中的目标用户，他们一般是驾驶私人的电动汽车或是驾驶共享电动汽车，均在公共区域进行充电。用户的主要行为是充电行为，通常在家为电动汽车充满电，根据行程规划导航去目的地。电量不足后，查看车子剩余电量，根据剩余电量和所处位置，预估剩余时间并选择充电地点，打开地图或电动汽车充电 App 对充电站点进行查找，根据自己的筛选条件，确定充电位置，然后前往。到达充电站点后，确定充电支付方式及剩余充电桩信息，确认相关信息后，寻找充电桩位置，唤醒充电桩，进入充电板块，选择充电形式，扫码确认充电。充电期间，用户在等待区休息或者去景区游玩。充电完成后，用户得到提醒。回到充电桩，确认结束充电，进行费用缴纳，充电结束（图 6-8）。

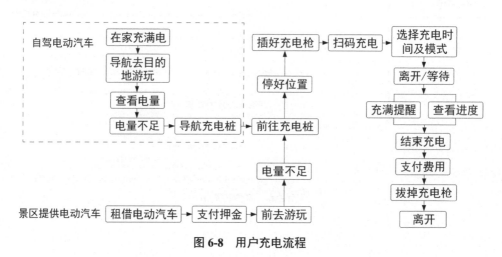

图 6-8　用户充电流程

6.2.4　设计切入点

如表 6-5 所示，通过用户调研，对充电行为中的问题和痛点进行解决，寻找设计的切入点。

6.3　方案设计

6.3.1　产品设计思路

本项目结合旅游规划，从保护自然旅游景区的生态、提升环保型交通工具的利用率角度出发，以用户为中心，从六个方面切入智能充电桩的设计，包括提升体验、系统服务、彰显特色、交互简化、简洁舒适和统一规范的角度，具体设计思路如图 6-9 和图 6-10 所示。

（1）提升体验

真正分析用户诉求，以用户为中心进行充电服务设计，优化功能架构，提升用户体验。

（2）系统服务

优化充电服务模式，服务内容与产品融合，打造充电系统的服务特征。

（3）彰显特色

以旅游规划为基点，运用模块化设计产品外观，增强不同景区的地方特色的模块。

（4）交互简化

交互操作简单便捷，提升用户使用效率。交互步骤简化，减少使用障碍，增强情感化设计。

（5）简洁舒适

产品外观造型简洁、现代；手机端 App 减少页面视觉干扰，用留白或分割线区分信息模块，创造舒适的视觉体验。

（6）统一规范

标准化、规范化的界面组件，提升产品细节，制定品牌的高规格。

表 6-5　设计切入点

问题或痛点	解决	设计切入
充电费用昂贵	混合太阳能供电	充电桩或充电站加入太阳能板
充电桩仅能通过 App 操作	多种使用方式	语音互动、简洁的智能屏幕交互

续表

问题或痛点	解决	设计切入
未有效整合周边资源	设置充电休息区	增加给手机等电了产品充电功能
	提供娱乐设施	景区的历史和人文讲解及影像
充电桩不易寻找	充电桩具有识别性	与景区内设施相结合
		指示牌或手机端 App 指引
		结合旅游景区特有的文化特色
		有明显的可识别提示
		更多地点进行设置
充电桩兼容性差	统一标准	一桩设置多个充电口
充电桩操作流程不清晰	操作指引或提示	指示牌或手机端 App 指引
充电桩损坏	充电桩耐用	耐脏、防尘、防水、表面不易褪色
	充电桩可替换	模块化设计
	提供报修反馈渠道	充电桩和手机端 App 里有报修方式
充电桩外观造型不美观	审美和功能、结构	与当地旅游特色相结合
充电桩不能移动	可拆卸结构	模块化设计
充电桩使用体验差	易操作	改良人机尺寸
	充电稳定	充电桩的功能和结构设计
安全问题	保证充电安全	充满后自动断电
		充电装置的安全性，防尘、防水、防冰
		自动锁车
		停车设施造型的安全感
		手机端 App 随时反馈车辆状态
充电线长度不够	可伸缩	可拉出、可收回
充电线凌乱	可收纳	螺旋弹力线、自动弹回
手机端 App 智能提醒功能	配套 App	已充时长、充满需要时间、充满等信息
		充电桩即将有空位、现有空位
		充电状态反馈、充电完成提醒
		消费金额、支付完成
		充电过程故障提醒

续表

问题或痛点	解决	设计切入
手机端 App 预约功能	配套 App	预约充电位、预约取车时间
充电桩的附加功能	会员服务增加黏性	提供充电宝、收集充电服务
		提供会员折扣或返现
		提供汽车保养服务
	自动售卖机	旅游景区纪念品、文创产品
		饮料、零食等

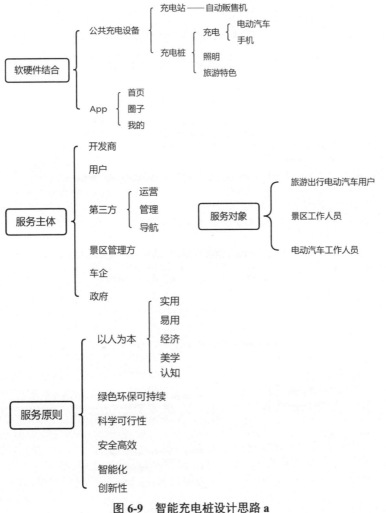

图 6-9　智能充电桩设计思路 a

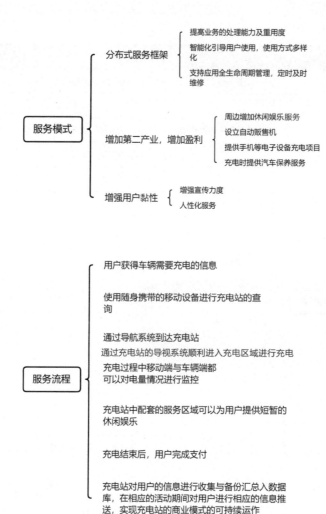

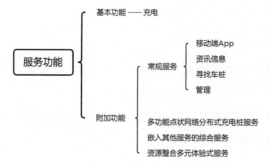

图 6-10 智能充电桩设计思路 b

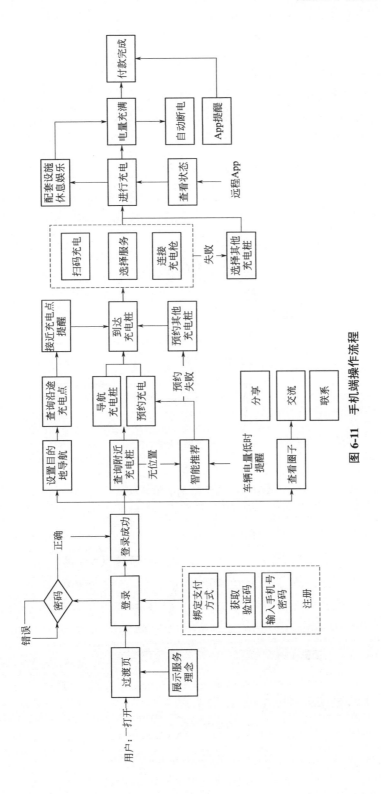

图 6-11 手机端操作流程

6.3.2 手机端 App 信息架构和设计

（1）手机端 App 信息架构

用户在使用智能充电桩产品时，主要是通过手机端 App 进行操作，因此，本项目通过对用户操作手机端的流程分析（图 6-11），展开 App 的信息架构（图 6-12 ～ 图 6-14）。

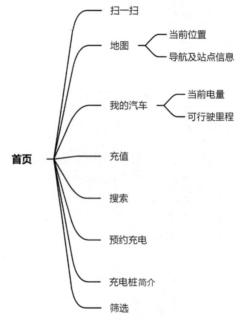

图 6-12　手机端 **App** 信息架构 **a**

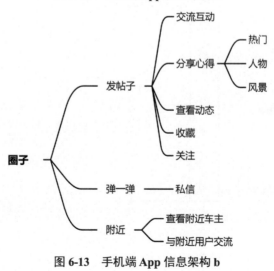

图 6-13　手机端 **App** 信息架构 **b**

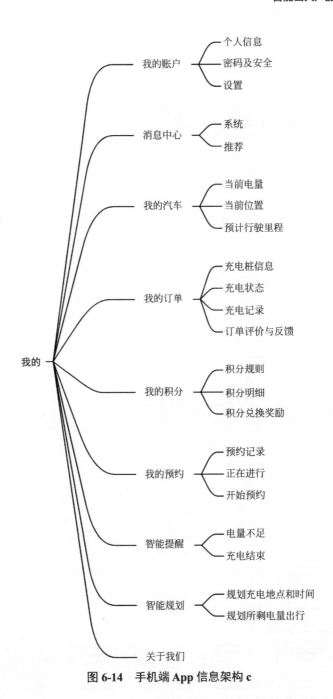

图 6-14 手机端 App 信息架构 c

（2）用户逻辑图

根据用户调研，分析出用户在操作手机端 App 时的逻辑图（图 6-15 ～
图 6-17）。

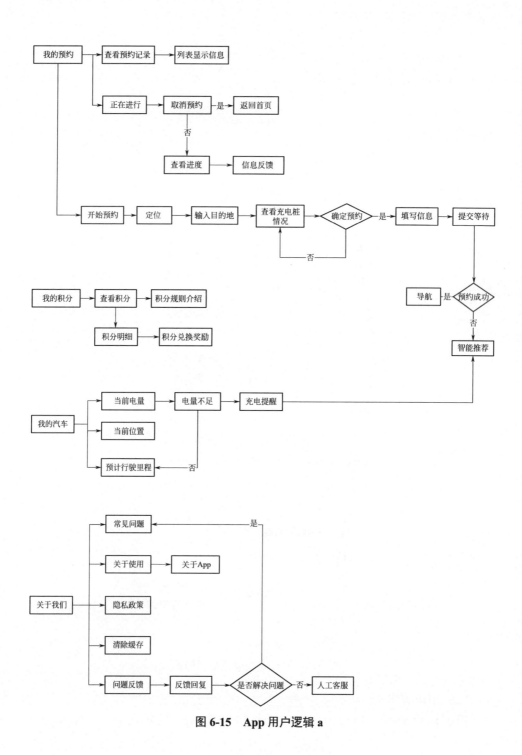

图 6-15　App 用户逻辑 a

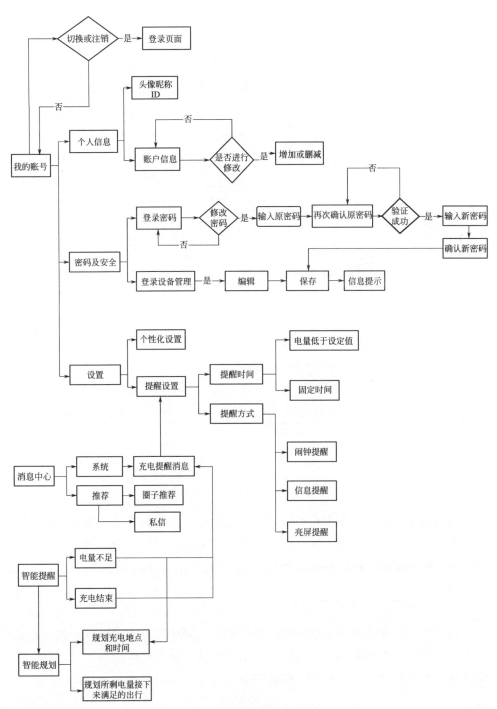

图 6-16

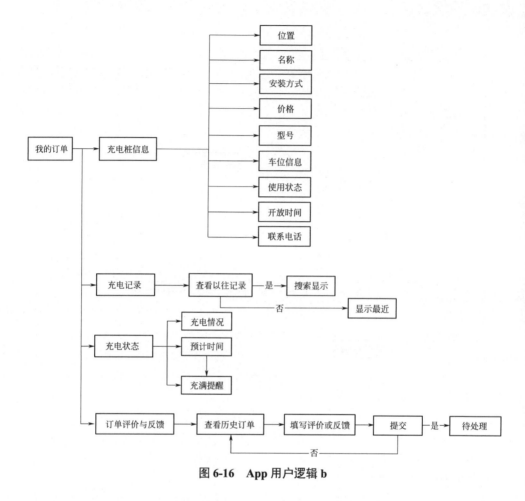

图 6-16　App 用户逻辑 b

（3）界面设计

为智能充电桩——布丁充电设计标志（图 6-18），提取车轮元素视觉化，绿色为主色调，代表汽车和环保。如图 6-19 和图 6-20 所示，整体界面设计采用白色底色、绿色辅助色和黑色字体为主，突出自然清新和环保节能。

6.3.3　智能充电桩造型设计

根据市场调研和用户分析进行产品定位后，基于产品功能、用户使用和加工生产，以及公共产品的售后维修与多场景使用，采用柱体造型设计。充电桩包括城市特色模块、照明模块、操作模块、充电模块、移动模块等，运用模块化的结构和连接，解决多功能、可替换、易维修等实际问题，图 6-21 是方案的推敲和快题表现，图 6-22 和图 6-23 是方案的最终效果图。

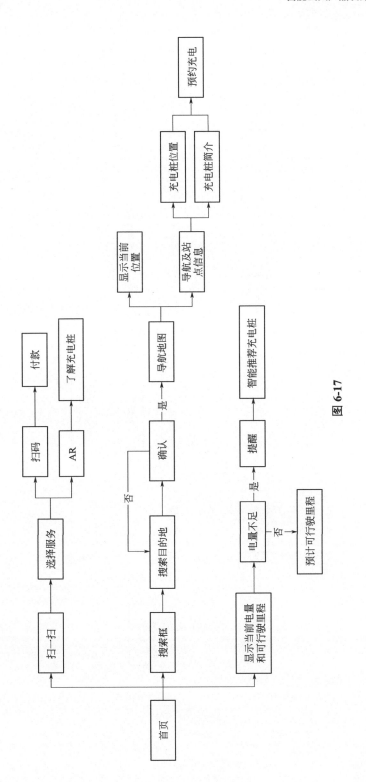

图 6-17

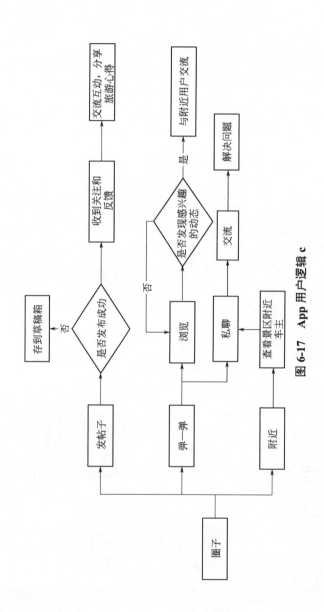

图 6-17 App 用户逻辑 c

图标规范
ICON SPECIFICATION

ICON

未选中

选中

颜色

#00AC50 #C4FF0F #FF492E #FF5500 #232423 #636663 #969997 #F7FBFA

文字

| PingFang | DIN Alternate
中文   数字

标志LOGO

布丁充电App是一款电动汽车充电App，倡导轻量快捷的出行方式，logo造型主要提取了车轮的形象和英文字母"O"和"C"，颜色使用绿白相间，代表绿色持续可循环，寓意深远，简单明了。

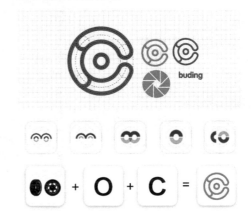

图 6-18 标志设计

全部页面
ALL PAGES

布丁
扫码查看详情

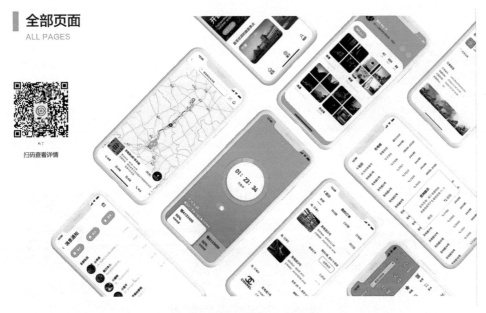

图 6-19 手机端 App 界面设计

界面功能
INTERFACE FUNCTION

首页
基本功能全面，易于寻找，用户可直接点击快捷方式进入功能，快速简洁方便。

预约页
用户可提前查找好合适的充电桩进行预约，有效避免了抵达目的地后无空闲充电桩可用的情况，同时可查看充电桩详细信息，保障用户体验。

地图导航页
地图导航指引用户快捷准确地抵达目的地，地图实时显示信息，用户随时随地一目了然。

图 6-20　手机端 App 界面功能

草图分析

01　　　　　　　02　　　　　　　03　　　　　　　04

快题表现

01　　　　　　　02　　　　　　　03

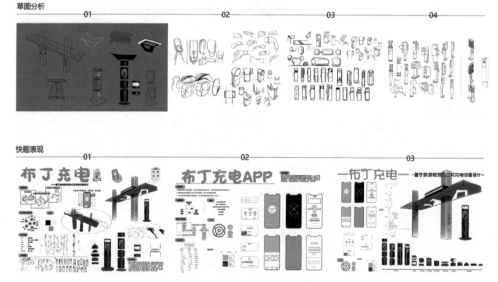

图 6-21　方案推敲和快题表现

图 6-22　方案效果图

图 6-23　设计展示

第7章

智能装备产品设计

随着社会科技的进步和信息技术的不断发展，装备制造产业中的智能化程度也在逐渐提升，从早期的数控机床到工业机器人再到各种无人驾驶的智能工程机械、农业装备、救援设备等，智能化的装备产品已经布局在社会生产生活的方方面面。下面以钢板仓物料智能清理装备设计为例来介绍智能装备产品设计过程及方案。

7.1　需求分析

随着我国工业制造和房地产行业的不断发展，中国成为了全球燃煤发电和建材生产的主要生产和消费市场，全球燃煤发电厂装机容量居于前十的大型发电站我国占有其中六个（表 7-1），水泥的生产和消耗也居世界第一。

表 7-1　燃煤发电厂装机容量排名

排名	燃煤电站名称	国家	装机容量 /MW
1	托克托电站	中国	6720
2	泰安发电站	韩国	6100
3	唐津发电站	韩国	6000
4	台中发电厂	中国	5700
5	比查度电站	波兰	5300
6	嘉兴发电厂	中国	5120
7	外高桥电站	中国	5100
8	永兴发电站	韩国	5080
9	国电北仑发电站	中国	5000
10	国华台山发电厂	中国	5000（现装）

根据 2019 年环球水泥网公布的全球前 10 大水泥生产商产能排名的统计数据显示（图 7-1），中国建材、海螺水泥、华润水泥、台泥水泥四家中国水泥企业合计产能 10.38 亿吨，占据了前十大合计产能的 56% 左右，占据全球总产能的23%。

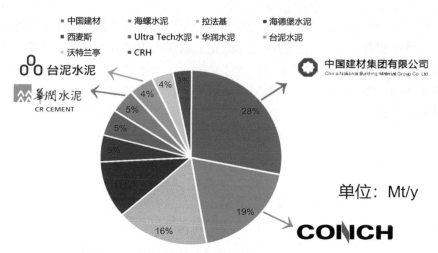

图 7-1　2019 年全球前十大水泥生产商产能排名

　　粉煤灰是燃煤发电厂的主要固体废弃物，也是水泥等建筑材料的主要生产原料之一。这类粉状物料容易在开放的空间中发生变质，因此电厂、水泥企业等都会用到钢板仓来存放或者混合物料，但这些粉状物料很容易黏结在仓壁上，形成仓壁挂料，且随着时间的增长不断增厚，导致钢板仓的容积变小，降低了生产效率和钢板仓的使用寿命。此外，结块的物料还存在不规则的自行脱落现象，也影响出料效率，因此钢板仓需要定期清理。但目前钢板仓的清理任务都是以外包的形式由专业的清理公司承担，采取最传统的人工作业模式。但是，恶劣的作业环境（图 7-2），使工人在日常作业中随时面临着极大的安全隐患。

图 7-2　工作场景图

因此，钢板仓物料智能清理装备设计主要的设计目标是以"装备代人"，通过一款智能清理装备来完成存放水泥、粉煤灰等粉状建筑物料钢板仓的智能高效的日常维护工作。该项设计旨在通过实现设备的智能化和模块化，以取代高危人工作业的现状，在提高工作效率的同时，保障作业人员的人身安全。

7.2 设计情境

从作业环境、作业流程构建目标产品的设计情境，从情境中发现问题细节，从而有针对性地提出解决方案。

7.2.1 钢板仓

国内的物料储存仓最开始采用钢筋混凝土结构，而钢板仓是由国外最先开始使用，而后才引入国内。钢板仓相较于最开始的钢筋混凝土，具有建设周期短、密闭性好、投入成本低等巨大优势，很快抢占了国内市场。就目前的情况来说，钢筋混凝土的储存仓仍然存在，但已经很少投入使用。

两相比较，钢板仓（图 7-3）的优势在于：

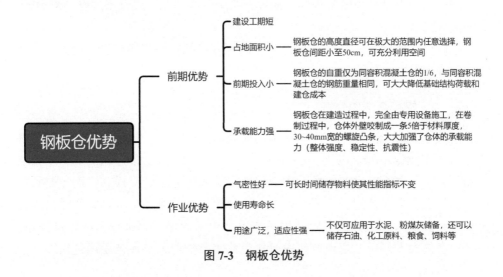

图 7-3 钢板仓优势

钢板仓主要可以分螺栓装配式、螺旋式、焊接式三种类型（图 7-4）。

螺栓装配式，就是将板材通过高强度螺栓固定在一起。螺栓装配式只适用于 2000 ~ 3000t 的小型钢板仓。另外由于其通过穿眼连接，透气性好，但密封性差，不适宜存放水泥、粉煤灰等粉末状物质。主要用于粮食的存放。

材质：Q235、Q345系列碳钢

螺栓装配式钢板仓
2000~3000t的小库

螺旋式钢板仓
5000 t 以下的小库

大型焊接钢板仓

图 7-4　钢板仓的种类

螺旋式钢板仓，由特定的设备将钢板部分折叠之后螺旋上升，其密封性好，可以存放水泥、粉煤灰等各种粉末状物质。相对来说钢板壁薄，这种结构只适用于 5000t 以下的小型钢板仓。

焊接式钢板仓，是由钢板焊接而成，与上两种相比，其气密性好，寿命长，存储量大。

本设计主要针对的是存放水泥和粉煤灰等粉状物料的钢板仓。因此，主要是螺旋式和焊接式两种。

7.2.2　钢板仓结构分析

钢板仓的整体结构多为圆柱体的舱体加上内部圆锥形的出料口。仓体的直径一般都在 10m 以上，但是仓体的入口，如仓顶的人孔门尺寸只有 0.8m×0.8m。之所以目前市场上主流仍然是传统的人工清库模式，而不是机械清库并且没有大量使用，主要存在两方面原因：一是大型工程设备很难进入库内工作，设备入库的方式只能从库顶人孔门进入，出于钢板仓密闭性的考虑，一般不会扩大入口。二是现有清库机械仍然需要作业人员在视距内进行遥控控制，仍然会存在较大的安全隐患。

7.2.3　钢板仓清理的作业流程

由于市场上目前主要的作业方式为人工作业，因此可以通过对人工作业流程以及人力清理过程中的一些注意事项进行分析，寻找作业过程中的需求痛点和设计机会点，为后续的设计提供依据。人工清理主要分为以下几个阶段：前期准备、库壁清理、库底物料堆积物清理、开孔密封。

清库结束后，库顶开孔可用小块水泥预制板或铁板加盖。下面是笔者根据所了解到的人工作业流程所做的一张鱼骨图（图 7-5）。

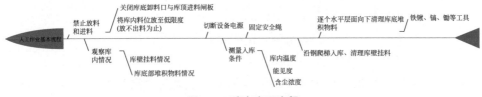

图 7-5　系统清理流程

在分析整个人工作业流程之后，结合人工清理的局限性，对人工作业模式下所存在的一些问题和对作业人员的威胁进行分析（图 7-6）。

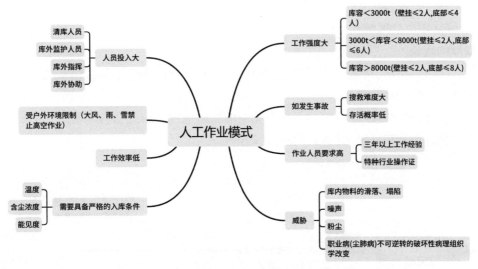

图 7-6　人工作业模式下所存在的威胁分析图

根据对传统的流程分析，将整体运行流程分为前期准备、挂壁物料清理、底部堆积物铲运、钢板仓养护四个模块进行细化，寻找设计切入点。

在前期准备模块中所涉及的内容主要包括以下几个方面，首先是将库内物料最大限度地放出；切断上下游的设备电源，设置临时警告标志并对库内环境数据进行检测，为设备入库做好准备；以上并非此次设计重点。随后在前期准备的模块中需要考虑的是作业设备如何入库以及设备在钢板仓内的作业路线。

挂壁物料清理模块，是整个作业流程（图 7-7）中最值得探讨的模块。主要原因集中在以下几点，首先是在清理挂壁的过程中，它所涉及的是一个高空作业模式，是整个清理流程中对作业人员安全威胁最大的模块。另外作业人员需要具备专业的高空作业资格证才能进行库内挂壁物料的清理。在这个模块中的设计切入点主要集中在以下几个方面：

① 作业设备在环形垂直库壁上移动。

② 设备在作业过程中如何稳定固定在库壁上。

③ 采用何种清理方式使挂壁物料结块剥落。

④ 底部堆积物的铲运模块，所需要做到的点是将库底物料结块打散，使得它能从出料口顺利出去。

⑤ 钢板仓的养护模块可以分为检测和维修两个方面，检测主要负责检测库壁是否存在局部变形以及壁面损坏的情况，为维修提供依据。

因此，本设计作业环境可总结为一个密闭的圆柱形密闭空间，具备以下几个比较突出的特征：

① 库内挂壁物料的结块，由于自身重力的影响，在库内呈现由高到低逐渐变厚的现象。

② 完全清空状态下，钢板仓的内壁也是一种凹凸不平的状态，并且在库壁上还有铁梯等一些结构。

③ 由于物料挂壁现象并不是由单一的原因造成，因此物料的硬度并不是一个定值，而是在一定范围内动态变化的。

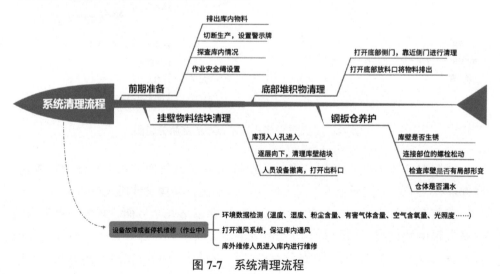

图 7-7　系统清理流程

7.3　用户调研

7.3.1　用户访谈

由于目前的钢板仓清理工作主要由专业的清理公司负责，因此，在此次调研的过程中，对钢板仓拥有者、清理公司负责人以及从事该行业的工人这三种类型的用户进行访谈（图 7-8），总结得到了以下一些结论：①目前的存储仓主要以钢板仓为主，之前的钢筋混凝土仓已经很少使用；②目前的清理方式还是以人工清理为主，市场上存在一些简单的机械清理方式，但一般很难达到清理标准；③钢板仓所有者对于定期清理的意识越来越强；④结块厚度大体上呈现近地面较厚、越高越薄的特点；⑤由于结块产生原因的多样性，结块硬度存在一个不确定性；⑥长时间的清理作业对生产会带来影响；⑦就目前行业现状来说，工人的从业意愿越来越低；⑧如果对清理工作进行细化可以划分为很多模块，作业内容相对复杂；⑨清理工作带来的威胁主要体现在显性的高空坠落、物料掩埋以及隐性的尘肺病。

7.3.2　现有清理方式的优缺点

如表 7-2 所示，现有的清理方式主要可分为传统的人工清理模式和简单的机械清理模式，传统清理模式的主要优点体现在它可以达到清理目的，缺陷就是无法长时间作业，平均一小时需要出仓一次、清洁效率低、存在一定的安全风险。而简单的机械清理的主要优点体现在设备可折叠，方便运输和储存。其缺点在于：

① 由于采用了单一的清理模式，无法达到良好的清理效果。

② 操作控制采用的是视距内遥控方式，无法避免工人与粉尘的直接接触。

③ 仓体本身所呈现的特点是仓体大而入口小，通过机械臂延展的方式，只适用于小型的钢板仓，适用范围比较局限。

④ 旋转刀头的可控性较低，容易对壁面造成损害，从而影响仓体密闭性。

7.3.3　问卷调查和需求重要度分析

如表 7-3 和表 7-4，通过问卷和访谈获得产品的各项设计需求和重要度，作为后续具体方案深入设计的基础。

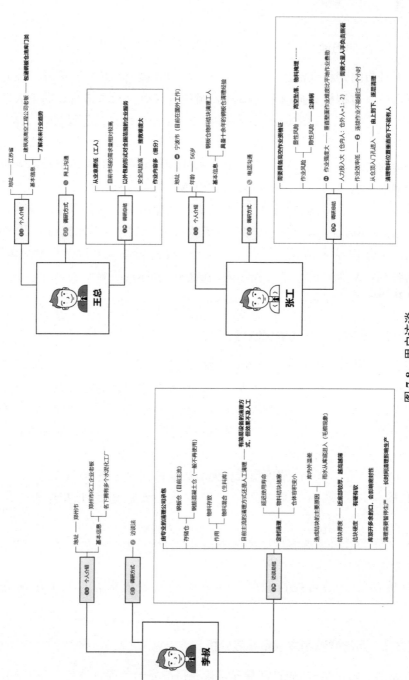

图 7-8　用户访谈

表 7-2　清理方式优缺点

清理方式	作业原理	优点	缺点
传统人工作业模式	通过简单的手持式工具清理物料结块	能达到清理要求	作业时间长，影响生产 作业环境恶劣，影响身体健康 劳动强度大 无法长时间持续作业 存在一定的作业风险（高空作业、物料塌方） 清理需求提高，工人从事意愿降低 夏季库内高温
简易机械设备清理	在储存库顶端固定后，通过机械臂延展至靠近库壁，通过末端的旋转刀头结构，钢丝绳缩放，刀头上下运动，以达到清洁物料壁挂的目的	可折叠，方便运输/存放 结构简单，性价比高 一定程度上缓解了高空特种作业的人才短缺问题 减少了作业人员高空作业的风险 一定程度上减轻了作业人员的劳动强度	清洁质量较差，无法完全达到清理要求，可能需要二次作业 操作人员需要在视距内进行遥控，并不断调整，操作难度大 没有有效避免工人与粉尘的直接接触 只适用于小型钢板仓 作业精度较差，容易对库壁造成损害

7.3.4　设计切入点

结合前期的分析，如图 7-9 所示，总结一下设计切入点。

① 钢板仓仓体大，工作量大，解决的思路主要是提高单机清洁或者增加作业设备数量两个思路。

② 仓体的材质属于碳钢，具有导磁和导电的性质。

③ 钢板仓入口狭窄，对于设备的体积具有一定的约束性。

④ 目前的行业现状是由专门的清理公司负责清理进行承包，这就涉及设备的运输以及现场的组装和拆卸，如模块化的商业运输方式。

⑤ 如何减少作业过程产生的粉尘对作业设备的影响，有两种思路：一是加强设备自身的密闭性，这就涉及设备作业过程的产热和散热的问题，二是通过气压差，实现粉尘主动远离设备，气动马达恰好能契合这个要求。

⑥ 结块硬度的不确定性，仓体内的设备对清理作业的阻挡。各种清理方式都存在独特的优点以及相应的缺陷。

表 7-3　需求陈述

设计项目：钢板仓物料智能清理装备设计		
涉及方面、部位等	一级需求	二级需求
动力方面	续航能力强	能源供应稳定

续表

设计项目：钢板仓物料智能清理装备设计		
涉及方面、部位等	一级需求	二级需求
功能方面	方便实用	作业设备可以在钢板仓的垂直壁面上移动
		挂壁物料分段处理，多种机型配合
		设备体积小，可从库顶狭窄的人孔门进入
		可对周围环境进行检测，设备故障时，为维修人员入库提供依据
		将设备的动力模块和设备主体拆分，减少设备体积
		在清理物料的同时，可对壁面缺陷进行检测和标注
		设备作业时，安全稳定
		采用多种清理方式，应对不同硬度物料结块
造型方面	现代简约大方	造型简洁美观
		颜色鲜艳醒目
		产品造型与功能相互匹配，功能分区明显
社会环境方面	绿色环保	生产材料可回收，提高重复利用率
	保证人员安全	取代高危人工作业，保证作业人员安全，减少作业强度
设备操作方面	简单直观	操作方式简单易上手，简单培训后，工人能进行操作
		设备的运行情况以及所处位置等清晰直观

表7-4 用户需求重要度

设计项目：钢板仓物料智能清理装备设计		
序号	需求	重要度
1	能源供应稳定	4
2	铲运车可以在钢板仓的垂直壁面上移动	5
3	挂壁物料分段处理，多种机型配合	5
4	设备体积小，可从库顶狭窄的人孔门进入	1
5	可对周围环境进行检测，设备故障时，为维修人员入库提供依据	4
6	将设备的动力模块和设备主体拆分，减小设备体积	4
7	在清理物料的同时，可对壁面缺陷进行检测和标注	3
8	设备作业时，安全稳定	5

续表

设计项目：钢板仓物料智能清理装备设计		
序号	需求	重要度
9	采用多种清理方式，应对不同硬度物料结块	4
10	造型简洁美观	4
11	颜色鲜艳醒目	4
12	产品造型与功能相互匹配，功能分区明显	4
13	生产材料可回收，提高重复利用率	2
14	取代高危人工作业，保证作业人员安全，减少作业强度	5
15	操作方式简单易上手，简单培训后，工人能进行操作	4
16	设备的运行情况以及所处位置等清晰直观	5

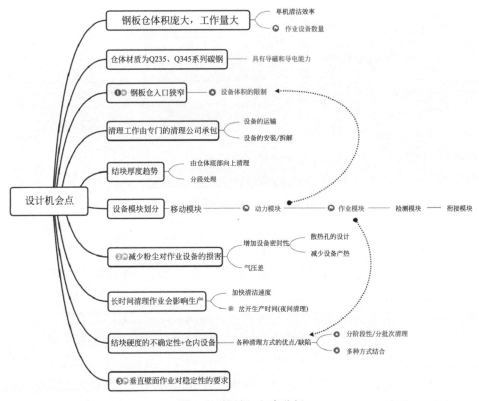

图 7-9　设计切入点分析

7.4　方案设计

7.4.1　产品定位

设计方向：机械清理对比人工清理。

整体设计基调：多种机械配合作业＋分段分批次清理作业。

动力模块外置：作业设备由气液压驱动。

设备运输：模块化设计。

清理阶段划分：①清理近底部物料结块；②对垂直壁面进行初步清理；③对仍然存在结块物料的区域进行清理；④选择性重复上述清理。

产品风格调性：保留工程设备硬朗造型的同时，引入更加活泼的元素——西装暴徒（图7-10）。同一台机械设备在工作/不工作状态，给人呈现两种不同的视觉感受。

图7-10　西装暴徒的视觉感受

7.4.2　功能模块

在整个设备中主要可以划分为动力模块、作业模块、移动模块、衔接模块、检测模块。另外出于钢板仓内环境较为复杂的实际情况，以及机身尺寸限制；单一的小型设备无法达到最佳的清理效果，因此采用多种机械配合的机制。由于物料自身重力的影响，物料结块会产生高度越高厚度越小，靠近库底处厚度最大的现象。因此将库壁划分为两个区域进行清理，清理顺序打破人工清理模式下，由高到低、逐层清理的铁律。这样的好处有两点，一是设备无需库外辅助设备，在设备入库的过程中辅助设备固定在库壁上；二是由低到高清理，底部较为厚实的物料结块，可以在库底通过机械臂延展达到接近库底一定范围内的物料清理，无需考虑壁面固定。因此大致的清理流程，就是作业设备由库顶下放至库底，由其中的一台设备将接近库底物料打薄之后，再由其他设备由库底上至库壁进行清理。

正如前面所说，挂壁物料结块的硬度并非是一个绝对统一的数值，因此出于清理质量和效率的考虑，可以结合多种清理方式联合作业。

根据结块硬度的差异，可以结合吹、犁、磨三种方式（图 7-11），各有优势，吹与犁可以在相对较大的范围使结块脱离库壁；但吹的方式从反作用力和作业稳定性的角度考虑不适合用较大功率；另外由于壁面有凹凸，并且呈弧形，犁头与壁面需要保持一定距离，只能清理一定厚度的物料结块；而磨可以适应较硬的结块，而且反作用力小，但清洁效率相对较低。

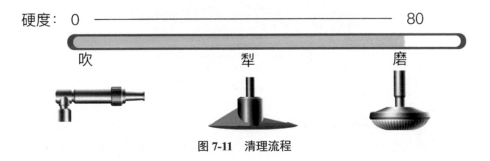

图 7-11　清理流程

（1）动力模块分析

因为设备在环形垂直壁面上进行清理，所携带的动力源，需要克服重力和摩擦力做功进行移动，还需要提供作业模块的动力；另外设备的尺寸受库顶人孔门的限制，机体的自重也会影响设备作业的稳定性。因此在前期方案构思的过程中，我们将设备的动力模块剥离机体，由库外设备进行提供。常见的动力形式有燃油、电力、液压、气压等几种形式，首先燃油的形式，如果需要进行能量传递会需要先转换为其他形式的能量，结构会相对复杂，能量也会消耗较大，而且并不符合设计发展的趋势；如果以电力的形式传递，也就是常见的电缆形式，因为钢板仓的材质属于碳钢，可以导电，存在一定安全隐患。传统工程机械设备的移动也是通过液压阀、油缸等实现机械能—液压—机械能的转换，另外作业设备的结构中，需要液压传动和气枪的结构，因此将液压与气压相互结合比较契合这个设计项目。图 7-12 是通过 PS 的形式展现的气液增压缸的大致结构。

图 7-12　气液增压缸大致结构

（2）作业机体功能模块划分

下面是关于三种机型的功能模块划分。第一种机型是以打磨为主要功能的，气液增压缸经由分压结构进行动力分配后，再由电机带动磨头旋转，进行打磨作业，如图 7-13 所示。第二种机型是犁与吹相结合的机型，犁头由底部探出，通过三角切面，将前方的物料结块拱起，并拨向两侧，机身顶部设置三个气枪，通过调节角度，进一步帮助机体身侧被拱起的物料结块脱离库壁，如图 7-14 所示。第三种机型是最开始负责清理接近库底壁面物料结块的机型，由机身与机械臂组成，通过机械臂延展清理底部高度在 3m 以下的物料，如图 7-15 所示。

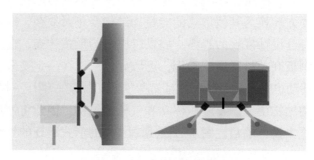

图 7-13　机型 1 功能模块划分

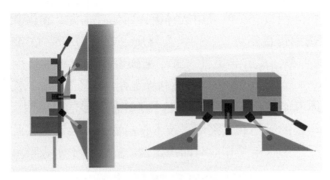

图 7-14　机型 2 功能模块划分

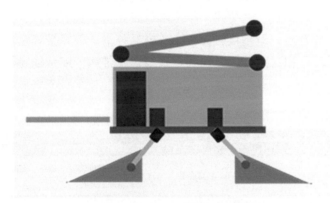

图 7-15　机型 3 功能模块划分

（3）技术支持

设备如何在环形垂直库面上固定是本次项目的一个设计重点，目前比较常见的壁面吸附方式主要分为真空吸附、磁吸附、气流负压吸附以及推力吸附几种，表 7-5 是对各种吸附方式优缺点的整理。

表 7-5　不同壁面吸附方式优缺点

吸附方式		优点	缺点
真空吸附	单吸盘	对壁面材料无要求	壁面平整度要求高
	多吸盘	对壁面材料无要求	结构复杂，壁面平整度要求高
磁吸附	永磁吸附	吸附力稳定，可靠性高	质量重，尺度大，固定困难
	电磁吸附	移动速度快	需要通电，质量重，尺寸大
气流负压吸附		壁面形状，材料适应性强	噪声大，体积大，效率低
推力吸附		利用机器人自身产生的推力使其吸附于壁面	结构复杂，工作可靠性低

储存粮食类的钢板仓一般采用镀锌板；而储存水泥、粉煤灰、矿渣粉等粉状物料的一般选用焊接钢板仓，钢板仓材质主要为 Q235、Q345 系列。Q235、Q345 是碳钢的一种，具有导磁性。近年来随着稀土材料的运用，使得永磁技术——稀土合金永磁由于其超强的磁性和稳定性（直径 3.6cm、长度 3.2cm 的圆柱形稀土永磁体可能拉动 6t 的卡车）赋予了产品更多的可能性，如稀土永磁电机在新能源汽车上的运用和永磁牵引技术在高铁上的尝试。在此次的设计项目中一个比较重要的需求就是作业时的稳定性，因此稀土永磁吸附是较为合适的选择。

解决吸附方式之后，就是关于移动模块的选择，如表 7-6，移动方式比较常见的分为轮式、履带式、框架式、多足步行式、仿生式五种。轮式的优点为移动速度快和转弯容易，但是接触面积小，容易打滑。而履带式负载能力强，接触面积大，但转弯相对困难。无论是轮式结合履带式，还是纯履带式都较为契合我们此次的项目。

表 7-6　不同移动方式的优缺点

移动方式	优点	缺点
轮式	移动速度快，控制简单，转弯容易	接触面积小，保持一定的摩擦力比较困难，负载能力弱
履带式	着地面积大，负载能力强，且对壁面的适应性强	不易实现转弯
框架式	控制简单，吸附力强	移动速度慢，转向困难
多足步行式	负载能力强	移动困难，行走速度慢
仿生式	对壁面材料适应性强	吸附力不足，承载能力弱，移动速度慢

负责打磨的机型需要一个马达带动进行旋转，常见的有液压马达、气压马达、电动马达三种；气压马达相对其他两种马达，除了更加环保之外，气动马达运转时内部压力都比外部压力大，因此不受外部环境的影响，可在潮湿、高温、高粉尘等恶劣的环境下工作。而且因为马达内部的气体交换，设备的升温小，对永磁铁的磁性影响较低。

7.4.3　钢板仓物料智能清理装备设计

在产品定位后，基于设计需求和功能模块，图 7-16 是对方案的推敲，图 7-17 是产品的场景展示图，图 7-18 是产品的内部结构展示图，图 7-19 是产品的方案效果图，图 7-20 是产品三视图及尺寸。

图 7-16　方案推敲

图 7-17 场景展示图

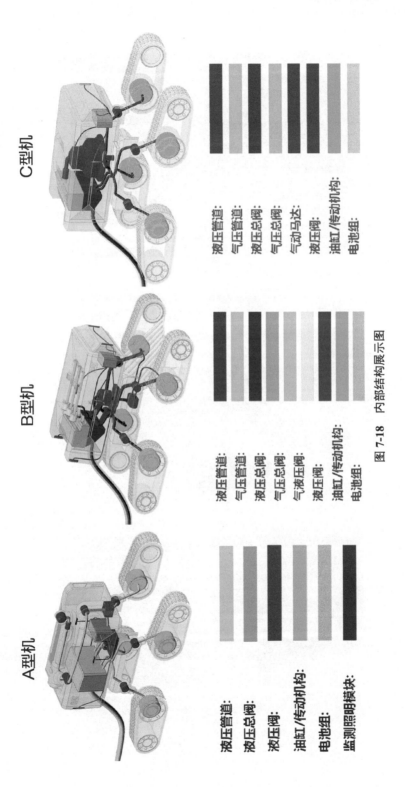

C型机

液压管道：
气压管道：
液压总阀：
气压总阀：
气动马达：
液压阀：
油缸/传动机构：
电池组：

B型机

液压管道：
气压管道：
液压总阀：
气压总阀：
气液压阀：
液压阀：
油缸/传动机构：
电池组：

A型机

液压管道：
液压总阀：
液压阀：
油缸/传动机构：
电池组：
监测照明模块：

图 7-18　内部结构展示图

C 型机

通过底部磨头对仍然存在物料的区域进行选择性打磨

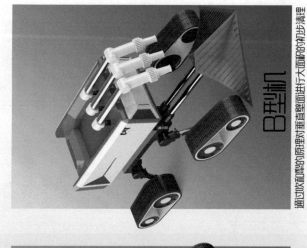

B 型机

通过吹嘴型的原理对垂直壁面进行大面积的初步清理

A 型机

通过机械臂的延展，对近底面物料结合处进行清理

图 7-19　方案效果图

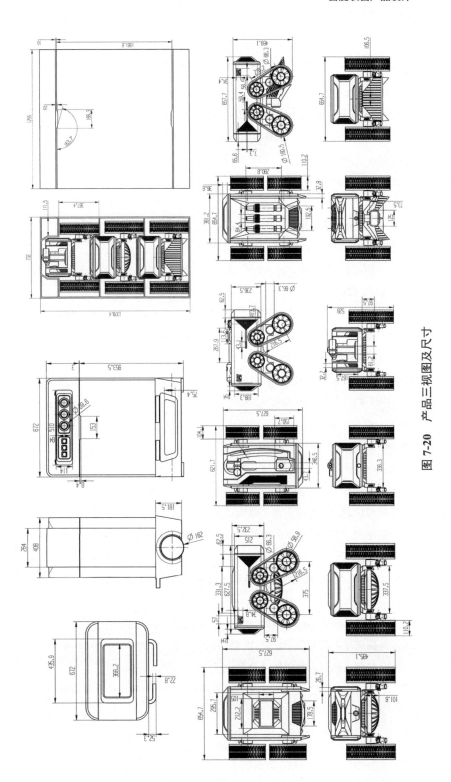

图 7-20 产品三视图及尺寸

参 考 文 献

[1] 谭建荣，刘振宇，徐敬华.新一代人工智能引领下的智能产品与装备［J］.中国工程科学，2018，20（04）：35-43.

[2] 邢袖迪.智能家居产品［M］.人民邮电出版社，2015.

[3] 盛步云，萧筝，雷兵.数字制造科学与技术前沿研究丛书：大数据时代的产品智能配置理论与方法［M］.武汉理工大学出版社，2018.

[4] 张小强.工业与互联网融合创新系列：工业4.0智能制造与企业精细化生产运营［M］.人民邮电出版社，2017.

[5] 王江涛，何人可.基于用户行为的智能家居产品设计方法研究与应用［J］.包装工程，2021，42（12）：142-148.

[6] 杨明刚，康信辉，张新新.医养结合模式下的老年人智能家居产品交互设计研究［J］.设计，2016，（20）：127-129.

[7] 李思娴，邓嵘.体医融合视角下慢性病移动医疗设计策略研究［J］.包装工程，2020.

[8] 章碧琼，任达华，阮棉芳，等.抗阻运动与肌肉减少症的防治［J］.浙江体育科学，2021，43（01）：87-94+107.

[9] 史冀鹏.人体肌肉力量测量原理与方法综述［J］.中国学校体育（高等教育），2017，4（02）：82-87.

[10] 吴伟峰，糜迅.等速肌力测试和训练技术在我国康复医学领域应用现状［J］.中国伤残医学，2014，22（09）：44-47.

[11] 张业妍，胡翠环.身体活动干预与老年人健康促进研究进展［J］.智慧健康，2020，6（33）：33-34.

[12] 袁方.包容性理念在老年卫浴产品设计中的应用研究［D］.齐鲁工业大学，2020.

[13] 白雪.基于老年人行为分析的淋浴产品设计研究［D］.武汉理工大学，2016.

[14] 张瑞琦.面向老年人卫浴空间的安全监护系统设计［D］.北京理工大学，2016.

[15] 黄河，杨明刚.基于感性工学的老年人智能产品可用性研究［J］.机械设计，2016，33（04）：109-112.

[16] 李晓龙.老年洗浴产品创新设计［D］.北京理工大学，2015.

[17] 汪阳.面向老年人的智能手杖设计.数字通信世界，2020，（03）：31-32.

[18] 崔晓龙.老年人助行产品设计［D］.昆明理工大学，2014.

[19] 杨小静，邓曙立，曹小琴.基于无障碍设计理念的老年助行产品设计研究［J］.工业设计，2019，（03）：66-67.

[20] 许泳彬.便携式血糖检测仪的研究与设计［M］.吉林大学，2012.

［21］ 吕伟通，钟颖珊，祁瑞娟.家用医疗器械行业发展趋势和现状［A］.广东省医疗器械质量监督检验所，2018.

［22］ 卢维佳.产品的设计元素获取与创新［D］.湖南大学，2015.

［23］ 李亚利，陈峥，陆学胜，等.液压与气压传动［M］.北京：北京理工大学出版社，2016.

［24］ 邓飞飞，解姗姗，胡光.水泥库清库安全措施探讨［J］.水泥科技，2011，(2)：25-27.

［25］ 李根.大型容器爬壁打磨机器人设计与研究［D］.浙江工业大学，2014.

［26］ 朱光辉.新型爬壁机器人的研制［D］.重庆大学，2016.

［27］ 陈勇，王昌明，包建东.新型爬壁机器人磁吸附单元优化设计［J］.兵工学报，2012，33（12）：1539-1544.

［28］ 王军波，陈强，孙振国.爬壁机器人变磁力吸附单元的优化设计［J］.清华大学学报（自然科学版），2003，(02)：214-217+226.

［29］ 宋伟，姜红建，王滔，等.爬壁机器人磁吸附组件优化设计与试验研究［J］.浙江大学学报（工学版），2018，52（10）：1837-1844.

［30］ 郭相全，王庆华，王胜杰，等.粉煤灰储运系统中大型钢板仓的使用及故障处理［J］.设备管理与维修，2017，(02)：57-58.

［31］ 薛胜雄，任启乐，陈正文，等.磁隙式爬壁机器人的研制［J］.机械工程学报，2011，47（21）：37-42.